乘风破浪
不负韶华

李少聪　颜丽媛 编著

新华出版社

图书在版编目（CIP）数据

乘风破浪　不负韶华 / 李少聪, 颜丽媛编著. ——北京：新华出版社, 2020.11

ISBN 978-7-5166-5516-0

Ⅰ. ①乘… Ⅱ. ①李… ②颜… Ⅲ. ①女性－成功心理－通俗读物 Ⅳ. ①B848.4-49

中国版本图书馆CIP数据核字(2020)第223536号

乘风破浪　不负韶华

作　　者：李少聪　　颜丽媛

责任编辑：唐波勇　　　　　　　　　　图书策划：郑书凤
装帧设计：末末美书

出版发行：新华出版社
地　　址：北京石景山区京原路8号　　　邮　编：100040
网　　址：http://www.xinhuapub.com
经　　销：新华书店
购书热线：010-56718725　　13051882866

照　　排：新华出版社照排中心
印　　刷：北京艾普海德印刷有限公司

成品尺寸：170mm×240mm
印　　张：17.5　　　　　　　　　　　　字　数：300千字
版　　次：2020年11月第一版　　　　　　印　次：2020年11月第一次印刷
书　　号：ISBN 978-7-5166-5516-0
定　　价：49.80元

　　我们蹚着岁月的河流，走在浅浅的时光里，路上挂着一幕幕轻纱，那么薄薄的一层又一层，有时掀开的是繁花似锦，有时掀开的是愁断人肠。人生就像北方的四月天，时而和煦温暖，时而冷风吹面，可我们骨子里搅动着一个叫期望的名字，总在大喊"我不甘心"。好像是这样的，我们不甘心平凡地活着，不甘心站在山脚下仰望，不甘心雷同的人生，而理想却渐行渐远，遥不可期。

　　我们迫切去寻找一条波澜壮阔的河流，以容纳我们的躁动、热血、迷茫和深情。为此，我们宁愿做一片流浪的叶子。

　　人生本就层峦叠嶂，于是我们不得不翻山越岭，还要一边挣脱束缚，一边努力奔跑，不小心又会陷入重重迷雾。白云苍狗间，我们像极了一条拧巴的绳子，越用力，拧得越紧，渐渐地，心里充满了恐惧。这恐惧源于人生装载了太多悲欢离合，有太多的无法掌控。我们都在朝幸福的人生努力，而现实生活却充满着沟壑。真正的热爱，是看清生活的真相后，我们依然热爱它。

　　尽管这个世界充满了偏见和傲慢，尽管世事消耗了我们大部分的精力，但总归要给自己留下一点旖旎，活出独属于自己的风采，不慌不忙，在心中修篱种菊，不疾不徐，与岁月从容相依。

　　比如友谊，我们一丝不挂地来到这个世界，本就孤独，便不想再独自行走。亲人与爱人只能填补四分之三的寂寞，那剩下的四分之一，自是留给友谊的。所以，友谊亦是我们生命中的阳光和空气，我们当学会从容以待，让友谊以舒服的状态成为精神上的共鸣。就像电影《雪花秘扇》中描述的那样，两个女子推心置腹，笃定信任，就算被全世界抛弃，仍然坚信还有一个人的友谊站在原地，哪怕繁华落尽。

关于爱情，女人有飞蛾扑火的勇敢，也有坚守真情的执着。年少的时候渴望偶遇翩翩少年，有一番月下长情，当走过山长水远的流年，方才明白爱情不是爱了便爱了。真正的爱情像制作工艺品，需要用双手温和地触摸，需要全神贯注，亦需要有独立的自我，彼此信任，历经平淡抑或坎坷，才能在夕阳老去时，依然十指紧扣。

香港摇滚乐队 Beyond 的作品《海阔天空》中，有一句"原谅我这一生不羁放纵爱自由"。事实上，每一个不安分的女人也有一颗放荡不羁爱自由的心。世界给我们一个牢笼，就算是做衣食无忧的金丝雀，我们也不愿以一生的卑微为食粮，不愿为了安逸而去屈从。我们要用梦想的力量，用自信和坚韧，去冲破命运的桎梏，拥抱一片碧海蓝天。

青春总会谢幕，但美人却未必迟暮，因为美丽的人从不忽视自身的健康问题。一个清透净爽，能够与岁月齐肩的女人，由内而外散发着强大的自律性。她会随清晨的第一缕阳光去奔跑，让每一寸肌肤去感触风的激情；会铺一张瑜伽垫，伴着轻缓的音乐，在呼气和吸气中舒展身心；会戒糖、戒重口味，品尝自律之苦，才能变美、变瘦、变年轻。

《乘风破浪　不负韶华》这是一本从现实出发，专为女人而写的书，我们人生中所遭遇到的很多问题，都能在这里找到答案。它将带领我们从能量管理、情绪管理、心灵管理、关系管理、成长管理等八大板块完成一个精致女人的完美蜕变，成就不一样的人生。

当人生的见证者越来越少，我们还可以自我见证。甩掉偏见，甚至丢掉矜持，带点锋芒，在乘风破浪中美得又飒又爽，方不负韶华流年。

目 录

第一章

能量管理：

女人又忙又美，才能光芒万丈

第二章

情绪管理：

内心不拧巴，就是好人生

第

五

章

情感管理：

在爱情里，活成自己喜欢的样子

第

六

章

成长管理：

世界给你一个牢笼，

你要做的就是打破它

第一章

能量管理：

女人又忙又美，才能光芒万丈

时间是有限资源，能量则是流动的，是高效生活和工作的前提。睿智的女人，不仅要懂得管理时间，更要懂得管理自己的能量。女人不逞强，不苛求，才能又忙又美，活出开挂人生。

你的笃定和平静，来自你读过的书和走过的路

我们蹚过青春的河流，走过锦瑟流年，慢慢感到衰老的凉意，有那么一瞬，内心会被恐惧淹没。而事实上，那些自带磁场、气定神闲、宠辱不惊、风过无痕的姑娘，恰是经历过，迷茫过，慌乱过，感悟过后，沉淀出令人迷醉的人格魅力。

张爱玲于《倾城之恋》中写道："你的气质里藏着你走过的路，读过的书以及你爱过的人。"

人生没有白走的路，每一步都积累在你的记忆与阅历中，在一步一步的前行中，去遇见更好的自己。

屏幕上的董卿总是那般优雅、端庄，她收放自如的大气与稳练，是学识与阅历的积淀。

我国著名的作家、编剧麦家在参加《朗读者》之前，对董卿的印象仅仅是"这是个美人，一看就是江南女子啊！"但是麦家心中始终不认可"主持人仅靠颜值便可撑起一档节目"的说法，他觉得智慧对于主持人来说非常重要，否则主持人仅仅是舞台上的一个花瓶和摆设。

　　通过和董卿的接触后，麦家发现她的知识储备量非常大。麦家连连夸赞董卿说她在现场应变能力很强，经常会引用经典句子和其他人的观点，是知识储备给了她那种智慧。麦家还透露，很多在电视台工作的人平时几乎不看书，也很少抽出时间通过读书来提升自我。但是董卿与众不同，她经常利用业余时间读书充电，不断扩大自己的知识量。

　　董卿在舞台上的举止谈吐离不开她热爱读书的习惯，她曾说："假如我几天不读书，我会感觉像一个人几天不洗澡那样难受。"即便工作再忙，董卿每天也会保证一个小时的阅读时间，直到今天也是如此。

　　董卿平时喜欢看一些文艺评论、杂文类的文章，在别人看来枯燥的文章她却读得津津有味。"当你把读书当成一种习惯时，无论什么时候都可以拿出时间。我坚信'开卷有益'，再累的时候哪怕翻两页也会有所收获的，看书会让我安静下来。"

　　唯有看过的书，听过的歌，弹过的曲，画过的画能在心里停留一辈子。愿你我皆可如董卿一般，有着精致的内心和诗一样的灵魂。

　　著名作家毕淑敏说："日子一天一天地走，书要一页一页地读。清风朗月水滴石穿，一年几年一辈子地读下去。书就像微波，从内到外震荡着我们的心，徐徐地加热，精神分子的结构就改变了、成熟了，书的效力就凸现出来了。"

　　作家三毛也说："读书多了，容颜自然改变，许多时候，自己可能以为许多看过的书籍都成过眼烟云，不复记忆，其实它们仍是潜在气质里、在谈吐上、在胸襟的无涯，当然也可能显露在生活和文字中。"

每个人生阶段都会赋予女人们不同的礼物，女人的美丽，是在阅历中慢慢修炼而成的。

有些女人或许没有让人眼前一亮的外表，甚至不再年轻，但身上却散发着一种迷人的气质，总能让人看到其背后闪亮发光的灵魂，静静地，不张扬、不媚俗，那么淡然。不被外界因素所侵蚀，不被世俗眼光所干扰。

戴安娜王妃去世没有多久，卡米拉和查尔斯王子便步入婚姻的殿堂。35 年的苦恋，终成正果。

卡米拉来自伦敦的一个富商家庭，从小博览群书。她虽然没有戴安娜漂亮，但她学识渊博，幽默风趣，比平常女孩更有自信和主见。初始，英国皇室对卡米拉抱着"不看好"的态度，但近年来，公众越发认可这个女人，就连威廉王子和哈里王子与她相处时，也快乐融洽了许多。哈里王子后来表示，他和哥哥威廉王子很尊敬卡米拉，"卡米拉不是个邪恶的后母。我们非常感激她。她使我们的父亲非常高兴。"

查尔斯王子经常称卡米拉为"亲爱的妻子"，他对她的爱毫不掩饰。查尔斯王子曾对自己的一位知己好友说："你知道，卡米拉是我在这个偌大世界上最好的朋友。"于卡米拉而言："我们就像一个豌豆荚里的两颗豌豆，相互依偎。"

林燕妮说："女人脸上稍有风霜，便是动人，便是性感，那种无可奈何的风姿绰约，令人着迷。"在人生的种种境遇中，不断成熟、完善，久而久之，哪怕是你的一个眼神，一个手势，都饱含笃定从容的优雅。就像秋天，没有了夏天的张扬蓬勃，却让人感觉自然舒服，踏实宁静。

　　时间会改变很多，包括容颜，所有的一切都会败给时间，但我们仍然能够优雅变老。很喜欢一句话"身体与灵魂，总要有一个在路上。"的确，要么读书，要么去旅行，唯有不断丰富自己，才能避免沦落到平庸和俗气里，成为连自己都讨厌的人。

　　著名作家苏芩说："女人就得多见世面。旅行、读书，但凡能让内心更丰富的事情，即便强迫自己也要多去尝试。人的狭隘、纠结、怯弱，全都是因为世面见得太少。岁月会把你变成妇女，经历却让你成为富女。我们必须很努力，才会成为自己喜欢的人。"

　　永远在路上，才能遇见全新的自己。那些优秀到耀目的女人，她们笃定的神情，平静无波的面容，静静站着就让人感觉有一种扑面而来、撼动人心的气场，翻看她们的人生过往，似乎没有一刻是停歇的，她们读过的书堆积如山，走过的路无论是错的对的，都一往无前，所以她们的身姿挺拔，步伐矫健，从容得像一只轻舟，闲庭信步间便翻越了万重山。

做一个 "三观" 要比 "五官" 正的女人

　　女人可以没有倾城的容颜，没有精致的五官，但是一定要有端正的三观，因为人与人之间最终 "始于颜值，陷于才华，忠于人品"。三观正的女人，自有一种独特的风韵，积极向上、乐观豁达、有远见、有思想、不卑不亢不张扬，真实且坦然，即便平淡无奇，心中却总燃着希望的焰火，对世事亦有卓越的判断力。

　　总有人问法齐娅·库菲：你整日活在死亡的威胁中，为什么还坚持从政，甚至去参选总统？法齐娅·库菲总会说：为了让阿富汗的妇女摆脱悲惨、苦难的命运，为了让这个国家更好。

　　面对千疮百孔的国家，法齐娅·库菲做不到独善其身，她要从政，这是少时便扎根心底的理想。当她真正站在了政治漩涡中，她面对的却是隐身于黑暗中无休止的暗杀与迫害。"塔利班分子和那些一心想堵住我嘴巴、不让我抨击阿富汗政治腐败和骄横领导阶层的人们，看到我就不舒服，除非我死了。我根本不去理睬这样的威胁，就跟平常无数次的出行一样。如果不这样我就无法正常工作。" 面对威胁，她不予理会，继续抨击着政府的腐败，为劳苦大众的利益奔走。

"我的父亲和兄弟们被杀害了，我的母亲也去世了，我们一家为从政付出了高昂的代价，我也有可能死在政途中。但这是我自己选择的道路，我必须承担风险。"

可她毕竟还是两个孩子的母亲，她清楚自己的生命随时会消失，身为母亲，她有责任给予孩子爱和引导，她便在每次出门前给孩子们留一封告别信。

在第一封信中，法齐娅·库菲写道："作为母亲，我于心不忍要告诉你们这些事情。但是，请你们理解，如果用我的生命能换来阿富汗的和平，能给这个国家的孩子们换来一个更加美好的明天，那么我牺牲得心甘情愿……一定要勇敢，不要惧怕生活中发生的任何事。人总有一天会死，也许明年的今日就是我的忌日。若我真的走了，请你们记住，我是为了一项崇高的使命而死。不要死于一事无成。要以帮助他人、致力于改善国家和整个世界为荣。"

一个女人，有着怎样的世界观、人生观、价值观，便注定她将来过什么样的生活。懂得以正义、积极、乐观的视角看待人生，那些所谓的苦难和挫折，便不过是沧海一粟。女人也能是强者，只要敢想，敢于实践，没有什么是不可能实现的。

做一个三观端正的女子，活得潇洒，活得自信，不为了追逐表面的虚荣，压缩自己的生活，穿不起香奈儿，但我们穿得起那件叫自我的衣裳，在心底留一片清明，不让脾气超越能力，不让消费的欲望凌驾经济能力之上。

观念，决定着一个人的走向，观念正的人不会投机取巧、不劳而获，因为这个世界上没有捷径可走，一个人想要得到什么，需要靠自己一步一个脚印踏踏实实去争取，既要做到十拿九稳，又必须做到无愧于心。

林徽因是民国时期才女之一，她不仅外貌出众，还把自己的人生活出了别样风采。16岁的林徽因随父亲去英国游学，与同年去的徐志摩不期而遇。林徽因的父亲常奔波在外，一个身在异国他乡的小姑娘多少有些寂寥，而徐志摩的到来让她的生活一下子多了很多乐趣。

徐志摩是一位很有才情的诗人，他陪着林徽因听雨作诗，一杯香茗一场欢声笑语，聊着聊着两人渐渐彼此欣赏，徐志摩竟爱上了这个姑娘。但后来林徽因得知徐志摩有家室有孩子，她想也不想便断了联系，转身回国，不再与徐志摩有丝毫瓜葛。

有人认为林徽因太冷漠，也有人认为林徽因是理智的。而事实上，林徽因不想因为自己去伤害那个毫不知情的女人和她的孩子，更不想因此丢了自己的人格。

爱情再伟大也不是越界逾矩的借口，再美丽的鲜花，跑去做花瓶里的装饰，也只有两日光景，该守的规矩还是要守的。林徽因是难得有才情有诗意而又情感观念很正的姑娘。所以，徐志摩念了她一辈子，梁思成爱了她一辈子，金岳霖等了她一辈子。

正确的婚姻观是：绝不嫁不该嫁之人。婚姻观端正的女人，懂得在不合适的爱情里及时抽身，不会迫于父母的压力、年龄大和物质需求，就在没准备好的情况下结婚。婚姻可以晚一点，但一定要选择正确的人，宁缺毋滥，自己首先要能把控自己的幸福，在三观端正的女人心里，好的婚姻不是合适，而是因为爱情。

　　请务必做一个三观端正的女子，讲章法、有原则、守底线，内有乾坤而不嫉不妒，心静如水却看得透彻。愿世间女子，得到自己喜欢的，嫁给自己所爱的，拥有一个美满温馨的家；亦愿我们时光不弃，未来可期。

不逞强，不做无所不能的女汉子

董明珠说："外面人叫我是女强人，其实我一点也不强，强人是别人的感觉，为什么没有人讲男强人呢？是因为你在这个位置上行使了大家习惯性认为是男性干的事。"

袖子一撸，什么都敢干，什么也都能干，但事实是大部分事都是咬着牙坚持干完。女人可以忙碌，但不能忙得像个女汉子，有些事靠自己确实能解决，有些事是自己无能为力的。所以，别逞强。

的确，成年人的生活里没有谁是容易的，我们总在提醒自己"不许哭，软弱给谁看呢？"于是，再难再苦再累也习惯做所谓的"有志气"的女人，哪怕咬牙苦撑，把自己逼迫成一个无所不能的女汉子，也不想让任何人看到自己软弱的一面。

身上没钱了，已经吃了半个月的馒头咸菜，家人打来电话，你笑说自己工资又涨了，天天吃大餐。心爱的人离开，明明心里难受得要命，你对朋友说："没关系，我心里也没多爱他。"在陌生的城市生病后，一个人打着点滴去厕所，别扭地提着裤子，你苦笑着看着血液回流，朋友想来帮你，你反而云淡风轻地说："没事，我一个人没问题。"你手里抱着小的，身后跟着大的，另外一只手拉着行李箱，时不时看看老大有没有跟上，你很累很疲惫，却拒绝每一个向你伸来援手的人。

亲爱的，你可以坚强，但别再逞强，不要刻意地伪装自己。生活会给予每个女人磨难，是为了让我们更好地成长，懂得如何去做一个有魅力和朝气，光芒四射的女人。

被生活折磨为难，是因为我们在不停地为难自己，无论面对挑战或愤怒，还是生活的调侃，日子越艰辛，女人越应该懂得善待自己，珍重自己，给自己一个拥抱，然后大大方方承认"我做不到，也不想做"，只有这样，你才能卸掉负重，轻装简行。

人的精力有限，逞强等于过度消耗，消耗力气、消耗情感、消耗健康，等这些都消耗殆尽了，就只剩下无尽悲伤和狼狈不堪的空壳。如果事情超出了你的能力范围，干脆别做，这是对你个人负责，也是对别人负责；感觉到悲伤难过时，别找个角落偷偷哭，哪怕是哭给朋友看，身边也要有个人；忙得分身乏术，就向家人或朋友寻求下帮助，你不是超人，你也不能扛下所有。请放心，这不是软弱，也不是妥协，只是别再逞强，与生活和自己握手言和。

杨澜说："一个女人可以同时煮着饭，打着毛衣，照顾着孩子，可能社会的分工使得我们必须要应对多方面的责任。当然到了一个新的时代，女性也要面对职业上的责任，希望有所成就，所以压力的确是挺大的。"

高强度工作让杨澜难以对自己的生活进行时间上的宽松分配，"比如说做电视节目，做这些公益的事情，包括家里老人、孩子、丈夫，我觉得我的心够，但是我的时间不够，这个是我最大的困惑。春节之前是传媒人最忙碌的时候，不仅要把春节之前的节目制作出来，还要把春节之后两三个星期的节目也制作出来，所以差不多一个月干两三个月的活，就特别辛苦。"

往往在这个时候，杨澜觉得就需要家人对她进行支持，所以她不赞成一个女人太逞强，要学会向身边的人"求救"。杨澜是个很能干的人，但这不代表她能把所有的事情都包了，所以她会提前跟家人进行协调。杨澜会告诉父母，她下个月会特别忙，要录节目，不能经常回家吃饭；会跟丈夫说，不能经常陪他不要抱怨，因为事情真的很多；会让孩子理解自己，你要期末考试，妈妈年终的工作也非常多，我们不如互相支持，彼此加油，等过了春节，妈妈会有半个月时间陪你玩。在忙的时候，杨澜这样的女强人也同样做不到家庭事业两全，所以她会事先和家人沟通好，家人了解真实的情况后，自然理解她，并表示支持她。

当下很流行"女汉子"这样的标签，可无论对于女孩还是女人来说，"女汉子"无不是一种心酸。杨澜说："在社会流行文化当中，这些标签未尝不可，但我拒绝标签化。每个人都是独一无二的完整个体。我们有我们的爱，事业，追求，这才构成了丰富的生命，而不是作为别人眼中的那一类代表，我很高兴做我自己。虽然我不介意被人称作女神和女汉子，但是我不会这样看待自己。"

"我不是女汉子，我也做不到，我不行。"说给自己听或者说给别人听，这不丢人，其实大家都能看出来你是在逞强，而逞强只会让心疼你的人担忧，讨厌你的人嘲讽，不会有喝彩也不会有欢呼。

　　那些活得轻松、潇洒，事业、情感或家庭双丰收的女人，她们从不用逞强来证明自己活得到底有多精彩。她们有底气有精力，是因为懂得坦诚面对自己，好强但不逞强，不高估自己的能力，知道何时该放弃，何时该寻求帮助，用真实的一面换来有质感的生活和别人的尊重。

　　对太勉强的事偶尔示弱，身边的人才能理解你也有无助之时，有需要休息或需要帮助的时候，即便没有做成或者失败，你所面对的只是宽容和谅解。生活中烦琐的事多如牛毛，请学会多给自己的爱人和孩子一些信赖，放手是为了彼此都轻松。

　　今后，无论世界甩给你多少无奈，别再逞强了好吗？"我想拥抱你，尽管只是透过文字，在远方，有个人依然心疼你。"撂下女汉子的挑子，生活里的甜美会如期而至的。

每一个活得精彩的女人，都是时间的掌控者

有人说："一个女人活得精彩还是颓废，就看她下班后做了什么。"

除去工作、吃饭和通勤所占用的时间，我们每天大概有 5 个小时的自由属于个人。大部分女人喜欢利用这段闲暇的时间放松自己，就像脱缰的野马，尽情地吃喝玩乐。但是有些女人却不舍得浪费一分一秒，她们会把精力用在烹饪、读书、运动、陪孩子玩耍等等有实际价值的事情上，默默努力。

著名广告人李欣频每天会看一部电影，每年都会去一个不同的国家旅游。人们说她平时很忙，唯一闲下来的时间也很少，却不曾看到她像其他女人那样逛逛街，偷得浮生闲。李欣频却笑说，她习惯把等车的时间，把会议之间的间歇，晚上头睡觉的时间都拼凑起来合理利用。

李欣频说："我们一直以为自己还有很多时间，等到五年、十年过去了，才发现自己一无所感、一事无成，没有什么特别留下来的，白白浪费最宝贵的青春身体。所以，把每天当成人生的最后一天来感受、来看、来听、来生活，到了晚上睡觉前，心怀感恩地向这世界、

向所有人、向上天说晚安道别，那么这一天的结束，就会充满了幸福无惧。"

每一个活得精彩的女人，都在经受岁月的磨砺，抓住每一分每一刻不断自我完善，去挖掘沉淀在时间里的人生精华。可时间太快了，像手里的沙，握不住抓不紧，于是她们拼命追赶时间，只希望在最好的年华里不辜负这短暂的生命。

当年，霍启刚追求体坛名将郭晶晶时是煞费苦心，苦追了一年时间，郭晶晶才点头答应。但是郭晶晶却先给霍启刚来了个约法三章：不能占用我的训练时间；不能到训练基地看望我；未退役前不谈婚论嫁。

郭晶晶从来不因为霍启刚是豪门公子就停歇不前，用她的话说，他有他的事业，她有她的使命，她不会把精力和时间都花在跟男朋友花前月下上。

2011 年郭晶晶正式退役，人们以为马上就能喝上他们二人的喜酒，结果她一个人出国留学了。郭晶晶说："做运动员太久，和社会脱节，需要学习的东西太多。我有一种紧迫感，常常觉得时间不够用。"

郭晶晶在英国学习了一年后，她可以完整地读完一整张全英文报纸。回国后，大家认为这次她应该完婚了，出人意料的是郭晶晶又去了中国人民大学 IMBA，全英文授课。每次霍启刚都得提前预约，也只能在郭晶晶有时间的情况下去见他。

郭晶晶嫁给霍启刚后，并没有安然去做豪门太太，一有时间她就学习英语和粤语，又以代表的身份参加国际泳联会议。后来贝克汉姆的妻子来香港开店，她邀请郭晶晶参加开店仪式，当她们并肩站在一起，郭晶晶的气场丝毫不亚于贝嫂。郭晶晶在家时相夫教子，在外时独当一面，还能替霍家打理家业，在霍家人眼里，她是个精力充沛又有魅力的女人。

《深夜加油站遇见苏格拉底》中有句话：我们怎么过一天，就怎么过一生。

在一个访谈节目中，主持人问年近50岁的倪萍："你觉得你现在是慢生活吗？不着急了，不抢不争了。"

倪萍说："我怎么从来没觉得我是慢生活呢？我比较珍惜时间是真的，我真的很少躺着。用姥姥的话说'等上那边有的是工夫躺着，这边别躺着，想起都起不来了。'"

有活力的女人，不仅在工作中充满激情，闲暇的小时光也充满质感，一点一滴地努力让平凡的生活点缀起诗和远方，所以她忙碌而又美丽，像一杯卡布奇诺，浓厚又香甜。

董卿常常对自己说：每一天，都不应该草草地度过！

永远不要觉得自由的时间很短，一秒钟我们可以迈两步，如果我们把这一秒用来刷视频、看直播或发呆，我们错过的一定不是一秒这么简单。让我们把时间追回来，把对生活的热情激发出来。

"若我尚在单身，我会找份喜爱的工作，学习一些额外的技能，去领略祖国的山河，去每座城市的图书馆，我想用我有限的生命踏足每一片土地。"

"若我已归于家庭，我会种上满园花草，在厨房烹饪美食，给孩子们讲讲故事，读一读民国女子的满腹诗香。利用一切可利用的时间学习一些从前想学又没有学的东西，然后好好规划今后的行程。"

　　时间于女人而言是苛责的，可精力是自己的。时间可以掌控生命，却无法掌控我们能在它身上留下些什么。我们或许平凡，没有强大的气场，没有惊艳的容颜，却可以用时间握住命运的咽喉，活出自己的精彩。而此刻，以及往后的每一段闲暇时光，都是最好的时间。

内心的强大，源自于女人的能力和自信

20 世纪最伟大的成功学大师戴尔·卡耐基在他的著作中写道："一个内心强大的人，才能真正无所畏惧。也只有内心的强大，我们在生活中才会处之泰然，宠辱不惊，不论外界有多少诱惑多少挫折，都心无旁骛，依然固守着内心那份坚定。尤其是女人更需要内心强大。"

我们渴望着变强，不受世事纷扰，做生活的主人，做人生的操控者，大胆彰显自己的喜怒哀乐，不惧忧患挫折，但是，只靠这份热忱改变不了什么。就像《女不强大天不容》的作者六六说的："人的生活状态永远不能逆势而为，你是一个自主性很强的人，有选择的人，你一定很强。你天生就是个很随和的人，愿意顺从别人，强也强不起来的，这是她个性的问题。"

女人的强大与否也许被天生的个性拘束一部分，但一个会选择的女人，内心一定是强大的，而这份强大源自她自身的能力与自信。

菲儿天生就是个美人胚子，聪明又有才能，尽管失去了丈夫，但是她和孩子的生活依然过得很好。只是这个世界本身就充满了偏见，就像那句老话说的："寡妇门前是非多。"尤其还是个漂亮的单身女人，她稍微跟一位异性谈笑几句，便引来一堆的指指点点，难听的话更是不堪入耳。

这自然招来菲儿的朋友们的愤愤不平，她的好友凯蓝说："下次再有人说你，就告诉我是谁，我骂得他们连门都不敢出。"菲儿说："不用跟他们一般见识。"凯蓝不理解："你不生气吗？他们平白无故地就诬蔑你。"菲儿说："我跟一群无聊的人生什么气？有些人不了解你，解释再多也只是越描越黑，了解我的人，自然清楚我的为人，时间久了，大家自然而然就都知道了，我是不会自贬身价去做一些无意义的解释。"

亦舒曾说："真正有气质的女人，从不炫耀她所拥有的一切。她不告诉人她读过什么书，去过什么地方，有多少件衣服，买过什么珠宝，因为她没有自卑感。"

内心强大的女人，不管遭遇了什么，都不困于心，不乱于行，她们总能在第一时间化解所有的矛盾，有能力解决所有的问题，所以她们活得自信、潇洒。

亦如电影《艾玛》中的一段台词："我衣食无忧，生活充实，既然爱情未到，我又何必改变现在的状态呢。我会成为一个富有的老姑娘，只有穷困潦倒的老姑娘，才会成为大家的笑柄。"

自带光芒的女人有足够的能力和自信撑起自己的天空，所以她可以随便选择自己的生活方式，并且不会让自己陷于困境，把日子打理得熠熠生辉。

当初影视著名演员李冰冰谈及那位比她小 16 岁的男朋友时，

她说："我已经足够强大，强大到能掌控自己的感情，不惧失败。到今天，我承担得起这样一段恋爱所有可能的各种结果。既然这样，为什么不试一试呢？"

仅说出这段话就足以令很多人羡慕，一个对感情无所畏惧的女人，一个面包可以自己挣，人生可以自己选，只需要给她爱情就好的女人，这样的潇洒与快意，当是一个女人最好的生活方式了。

但是据李冰冰说，她小的时候学习成绩不太好，而且性格内向，有些自卑，有时连走路都不敢抬着头走。可是现在的她成就斐然，她达到了很多人终其一生都难以企及的高度，所以现在的她想怎么生活就怎么生活。

能力就像我们的皮囊，自信就像我们最好的修饰品。当我们没有能力和自信的时候，总感觉自己是赤裸的，所以自卑、胆小、懦弱，害怕生活中的变故，害怕自己毫无吸引力。可一旦我们拥有了能力和自信，所有的问题都会自动消散，我们可以随心所欲去过自己想要的生活。因此，我们要扩展自己的能力，提升自信，来撑起内心的强大，唯如此我们才能无畏无惧，成为一朵在风雨中依然能傲世独开的花。

著名影星陈道明先生在给江一燕的书写序言中说："韶光易逝，刹那芳华，皮相给你的充其量是数年的光鲜，但除此之外，你更需要的是你在一生中都能源源不断给你带来优雅和安宁的力量。"

而这股力量便是源于能力和自信，大能者、自信者，皆敢指天长啸：人生哪儿来那么多束缚和要求？无非是我愿意就好，天道轮回，谁又知道谁将来何去何从？这一刻我就是要做我喜欢的事情。

　　你可想过人生其实可以活得这般有魅力？只要我们能强大起来，去成就自己的能力，去建立自己的自信，这个世界从来都是对强者妥协的，想要打败我们所厌恶的不堪和懦弱，就请先为铸就强大的内心灌注能力和自信。

不需要完美的人设，那只是别人希望看到的样子

人贵在清醒，贵在能找准自己的定位，贵在明白自己是谁。但凡有能力又有魅力的女人，不是基于人设，而是基于本真，不会因为别人的期望或设想，就去扮演某个角色，不会为了达到别人心中的完美，轻易改变初衷。女人只有活得坦然，活得真实，才能活出独有的风采。

人气女星赵丽颖在星空演讲中说："我出身农村，祖辈都是农民。父辈祖辈也都是很热爱文艺，但是跟专业影视行业相距甚远……我其实是在否定当中成长的一个演员，我的履历大家都知道，是有幸从一个八分钟短片的选秀开始，当上了演员。我演了十一年戏，前七年我一直在演配角。"

农村、配角、励志、成功，这是多吸引人的话题，倘若赵丽颖也把这一面作为自己的人设，想必会获得更多人的支持，但是她却说不需要，她在星空演讲中很淡定地说出了自己的出身，没有卖惨也没有伤感，她在微博中说："人非圣贤，不需要总帮我撰写悲惨的故事，立奇怪的人设，感谢！我努力着我该努力的，我享受着我

该享受的。"　"可能因为我正在做着自己喜欢的事，所以我不会觉得累，不会辛苦，我想活成自己喜欢的样子。"

三毛曾说："生命短促，没有时间可以浪费，一切随心自由才是应该努力去追求的，别人如何议论和看待我，便是那么无足轻重了。"

别给自己设置什么完美人设，就像董卿说的，她不是女神，也不会让自己成为女神，她也不是神话，她也不可能活在神话里。董卿直言："大家不要把我神化，我还是一个冷静客观的人，对自我评价一样，我从来不认为我是什么天才或者全才，我只是很幸运我遇到这样一个时机，在某些方面具有一些天分，还有血液中流淌的基因，因为我的父亲是一个笃信靠努力改变命运的人。可能天性使然，后来的机遇让我遇到，以及经验的积累让我有现在的成就。"

人设就是一个包袱，一旦背上，等于负重前行，丢掉人设，我们才能轻装简行，过好人生。人设又像一张面具，如果你认真了，给自己戴上了，总有一天会暴露真实的自己，人设崩塌是一件极不讨喜的事。与其担惊受怕，不如从一而终，努力做好自己，规划好适合自己的人生曲线。好的人生状态应该是舒服、从容、自信，而不是假装、强求、紧张。

在《乘风破浪的姐姐》的拍摄过程中，几个好姐妹正坐在一起聊天，张萌突然问道："我想知道，你们是怎么看我的？你们觉得我真实吗？"

之所以这样问，是因为张萌一直把"真实"作为自己人生的准则。

从前，宣传团队想给张萌设定"御姐"的头衔，但张萌却觉得这个词有点虚，她说："啥叫御姐？我也不是每次穿大西装的那种人，我是一个比较接地气的人。"

在张萌的世界里，她很反感人设，她说："我觉得千万别说假话，也不要塑造什么所谓的人设，千万不要做一个自己压根不是那样的人。人设是会用来被打破的。所以我就是特别真实地去做自己。"

许飞对张萌的评价是："这位制片人姐姐只相信自己对这个世界的判断，她不听信任何人对'我'的描述，包括来自好友的'忠告'。"

这个世界上只有一个"我"，所以我们要找到自己的独特性，每个人的独特性都不同，与自身的价值观、学识、理想、秉性等等都有关系，是它们才成就了我们，而不是人设那张虚假又薄弱的面具。

真正可以让我们战无不胜的，只有真实。卸下伪装，别人的期许不是我们的人生，岁月匆匆，所能承载的精彩只有几十年的时光，切不可辜负。柴静曾说："关键不是别人能给什么，而是自己内心想要什么。"幸福、快乐皆是自己的选择，我们活着不是为了满足别人。坚持自己也许会孤独，但只要愿意坚持，就能踏出一条带有自我风格的路。

在T台上走了11年的国际超模刘雯，在T台上的她潇洒霸气，眼神凌厉，而生活中的她却像个邻家大姐姐，随性温和。有很多人好奇她怎么就成功了，只因为她一直都在做真实的自己，她说："本是个微不足道的人，不小心陷入了时尚的大舞台。自己还是微不足道的自己，承载了大家太多的关心。"她还说："时髦是赶不完的，你需要的只是做自己。把最真实的'我'展现、表达出来，世界会接纳你。"

　　成就自己想成就的，说自己想说的话，做自己正在努力做的事，不痛快就喊出来，开心也可以喊出来。走自己的路是对自我的认可和尊重，不受他人影响，心智方更成熟，更具人格魅力。活得真实又努力的女人才迷人。愿我们能活得坦然、洒脱，按照自己的期许把生活过成一道香醇醉人的风景。

事情多到做不完？亲爱的你该学会拒绝了

毕淑敏说："拒绝是一种权利，就像生存是一种权利。"聪明的女人都会说"不"。人的身体和精力都有承受的极限，尤其当生活让自己感到焦头烂额、自顾不暇时，必须学会拒绝，不接受额外的托付或委托，是为了让自己对生活依然保有热情和希望，女人只有先学会对自己尊重、负责，才能对别人尊重、负责。

大型相亲类节目《非诚勿扰》里，孟非说："我们经常会讨论'我这个人特别不会拒绝人，给我带来了好多麻烦，压力很大，苦恼'，我想听听你们生活中，有没有碰到想当然的，认为你干这个职业帮个忙，太容易了。"

22号女嘉宾说："我朋友知道我做金融，就会问我，那个股票好不好？那个股票会涨还是会跌啊？我说它会跌，第二天涨了他得怪我，我说它会涨，第二天他说跌了，他还得怪我。"

18号女嘉宾说："因为我可能出过国读书，总有人让我去教他家小孩学英语，我想说你孩子还是ABC的阶段，用不着我。"

20号女嘉宾说："我是做摄影公司的，会经常有人跟我发消息说'你能不能帮我拍一套写真啊？'我只想对这种人说'互删拉黑，感恩有你'。"

孟非听完台上几位女嘉宾的发言，他谈起，之所以花这么长时间来说这个话题，是因为他在网上看到一篇文章，文章里提及"谁还没有几个朋友"。一对北京夫妇，他们外地有个朋友说周末时让他们带他去趟天安门，这话听起来没问题，也挺容易的。可是北京这哥们说他这一年带他们老家来的人看天安门，早晨四点多钟出门，五十多趟。（台下传来一阵惊叹）孟非说："其实就是想告诉大家，在生活当中，一方面我们每个人要学会接受或者拒绝，因为如果你什么都不拒绝，你会过不下去的，很累。"

三毛说："不要害怕拒绝他人，如果自己的理由出于正当。当一个人开口提出要求的时候，他的心里根本预备好了两种答案。所以，给他任何一个其中的答案，都是意料中的。"

面对别人的一再要求，如果清楚自己无能为力，或不愿意接受，就直接拒绝，委婉说声："不好意思，现在不太方便。"无论我们面对的是谁，是孩子或者长辈，或者同事朋友等，我们都应该活得真实些。明明力不从心，就大大方方说"不"，别觉得会有遗憾，人这一辈子能做到'我尽力了'，就是最大的真诚。

懂得决绝的女人，是扛得住诱惑的。贪心是人之常态，这也是为何有时明明不想太累，但面对诱惑，又无法拒绝的原因。

董卿曾经在《欢乐中国行》中串场表演，还曾和朱军在舞蹈比赛现场跳过一段"恰恰"，但每每提起这些活跃的场面，向来以沉着、稳重著称的董卿也会露出后怕的神情。董卿说："《欢乐中国行》中的串场表演让我特别没有自信，经过别人鼓励才好点。同朱军跳舞纯属赶鸭子上架，我们两个之前仅仅练了 20 分钟，上台的时候还是身体僵硬，我特别担心丢脸。"

所以董卿说："做人不能太贪。我从不否认自己幸运，我幸运地找到了自己喜欢的工作，并得到了认可。"虽然作为主持人还可以有更多延伸，但董卿拒绝涉足太多领域，她对此说："主持人容易迷失，因为电视之外对你的要求太多，主持人一定要保持其个人魅力。"央视已经给了她足够大的发展空间，她对此非常满足。董卿特别欣赏杨澜，就是因为杨澜是一个永远知道自己想做什么，能做什么的女人。

拒绝某件事或某个人，也许会让自己难过，但拒绝是为了更好开始。守住本心，坚持自我，人不能太贪心，有些欲望该舍则舍，合理把控自己的欲望，时间和精力应该留给更值得去坚守的事情。人的进步和成长需要明确清晰的指引，才能奔向期望中的诗和远方。

学会拒绝，是获得他人尊重的敲门砖。董卿还曾说过这样一段话："善良是很珍贵的，但善良要是没有长出牙齿来，那就是软弱！"女人可以善良，但必须带点锋芒，好人谁都能做，但什么事情都往自己身上揽，别人只会记住你心善，却不会考虑你的劳累和辛苦。所有的尊重基于适当的距离，有拒绝有接受，有选择的女人，在别人心中才有分量，凡事会先考虑你的感受。

作家叶弥在《成长如蜕》中写道："人生有许多事是不得不做的，于不得不做中勉强去做，是毁灭；于不得不做中做得很好，是勇敢。"时光未老，何必如此匆忙，让自己慢下来，生活就是问题叠着问题，一件事接着一件事，按照模拟好的舒适的模式探索未知与新奇，拒绝超负荷的人生，我们可以对自己有要求有约束，但懂得取舍才是一切美好的开始。愿你一生不负年华，只有绚烂花开。

女人内外兼修，是对能量的最好诠释

杨澜曾说："虽然我们一再强调，不要过分关注一个人的外表而忽视了其内在的品质，但我们也要认识到，一个人的名字，是一个品牌；一个人的形象，是一张名片。"

那些令人羡慕而又被崇拜的女性，却都是内外兼修的高雅之人，既懂得保持得体的外在美，又兼顾丰厚含蓄的内在美。

据一位曾经常帮宋美龄按摩的随从回忆，60多岁的宋美龄脚底连一块儿厚皮裂纹都没有，柔软细腻的像少女的双足，就连当下十分注重保养的女人也很难做到这一点。而宋美龄从小就特别注重自己的外表，10岁时的她到美国去读书，就开始学着化妆，抹口红，涂胭脂。宋美龄秉持的是终生不卸妆，即便到了80岁的时候，手脚已不灵活，画的眉毛深浅不一，但她依然拒绝素面朝天。

宋美龄除了注重自己的外表，还很看重学识。宋美龄从10岁起开始在美国学习，先后掌握了6国语言，并且在大学主修了英国文学，兼修哲学，选修音乐、历史、天文、法文、辩论等八九种学科。平时，宋美龄特别爱看书，有时一看便是整个下午，还特别迷恋电影，喜欢听古典音乐，写一手漂亮的小楷。后来，宋美龄又开始学国画，听说她学画的那段时间，每天下午都会钻进画室闷头苦练，满地的纸团子，都要拨拉着才能走进去。有位侍从曾说宋美龄的书房中挂着两幅画，一幅西方画作，一幅国画。画的分别是西方"少女读书"图和一身戎装的"香妃"图。

而这两幅画恰好向人们印证了宋美龄一生的期许，她希望自己内外兼修，文武双全，既有温婉优雅的一面，又有强大坚韧的一面。1943年，宋美龄成为第二位在美国国会上发表演讲的女性。就连丘吉尔也忍不住赞叹："这个中国女人可不是弱者。"

著名影视演员汤唯曾说："一个美丽的女性应该内外兼修，内在美需要知识积累，而外在美则能够增加成功的机会。"

人的外在与内在皆不可被忽视，美丽的外表需要以内在为底蕴，而丰满的内在亦需要温雅的外在加以体现，两者兼得，才能成就一个有实质魅感的女人，温和又有力量。

杨澜经常对身边的女性朋友分享自己的心得体会，她说："到了一定年纪，你会发现，打扮其实只是一种衬托。""我特别注意到了郎平，我和她认识20多年，她步入中年后，变得越来越美丽。所以，女生的相貌不是20多岁定的，只要你的内心变得充实美好，你的外貌就可以发生巨大变化，那么你会越来越有气质。"

年近50岁的董卿，一直保持着好身材，好状态，端庄、大气、优雅的外表下，还隐含着卓越的才华和丰盈的内涵。她的秀外慧中、博学多识，既令人着迷，又令人敬佩。内外兼修的女性都是如此，注重内修心、外修行。

《中国诗词大会》《朗读者》让观众看到了董卿的光芒万丈，有人说："她的魅力真的让人难以抵挡。"节目中，当有人念道："天若有情天亦老"，董卿轻松拈来："月如无恨月长圆"；当一位选手说起他那位盲人父亲时，董卿温和地引用了著名作家博尔赫斯的诗："上天给了我浩瀚的书海和一双看不见的眼睛，即便如此，我依然暗暗设想，天堂应该是图书馆的模样。"

董卿的心里装的不是海，更像浩瀚无边的宇宙，她可以从容地跟文学名士聊文化，满心敬重地跟革命先烈聊悲歌，谦卑地跟导演以及各路演员聊演艺。她说她永远都是长不大的，因为她从未停止生长。

屏幕里的董卿仪态优雅，举止大方，妆容得体。媒体曾对她点评："完美地诠释了中国传统的知书达礼"。作家毕飞宇做客《朗读者》时，导演组事先安排好他与董卿有 8 分钟的谈话。可结果他们聊了有一个多小时，聊天的过程中，董卿一次也没有打断过。毕飞宇坦言，聊天中他有几次情绪几近失控，董卿却并不去催动他的泪点，他说："我很感谢董卿，她没有把她的嘉宾推向窘境，她不会为了节目牺牲和她对话的人。"

举止优雅得体的董卿，一身着装总以沉稳、大气、干练、知性为主，那是她身为职业女性的操守。央视的化妆师徐晶常说，徐莉、董卿是台里最让人放心的主持人，任何场合，她们都不会穿错衣服。联欢晚会上的她可以一身华服，《朗读者》中的她则一身日常着装，衬衫、西装，偶尔点缀些小修饰，简单干练，却不失女人味。

内外兼修是女人对能量的最好诠释，女人的审美、修养、品位，皆可以从衣着、言谈、举止以及仪态中彰显。内修质，源于知识、眼界和经历；外修气，源于着装、仪态、言行。气质、优雅，富有张性魅力的女性，从不停止成长。

第二章

情绪管理：

内心不拧巴，就是好人生

能够控制情绪的女人，才能控制人生！真正智慧的女人，从不跟周围的人事纠缠、较劲，也懂得与自己和解。内心不拧巴，才能气质舒展，把生活过得阳光灿烂。

过往不恋，不纠缠就是放过自己

经历是一本日记，翻着翻着就有人止了步，陷入了回忆中，纠缠过去的美好或悲伤。可过去的终究无法重来，纠缠只会让自己更痛苦。

《我不是潘金莲》这部电影中的女主角李雪莲和丈夫秦玉河为了从单位多分一套房子，就去假离婚。可结果这边刚离婚，李雪莲的丈夫就跟别的女人结了婚。李雪莲无法接受，更不甘心，于是告了丈夫。但秦玉河不仅不顾及情面咬定是真离婚，还当众说李雪莲婚前就不是完璧之身，从此让她背上了"潘金莲"的骂名。

李雪莲消耗了十几年人生不断上访，她把自己最好的年华搭进一个负心人的口舌里。

有不少看客赞赏李雪莲的这股韧性，认为她虽然是个缺乏见识的女人，但能为了自证清白而坚持不懈，值得尊重。可李雪莲又得到了什么呢？她最终换来的不过一个荒唐。

假如李雪莲不纠缠过往，她有样貌有手艺，离婚不过三十出头，她做的牛骨汤堪称一绝，又有一栋徽州小楼。她只需要跟不值得的人挥挥手，大步流星向前走，跟过去一刀两断，她的人生就会是另外一种光景。

被辜负过，没什么大不了，人生本就酸甜苦辣，忘记他，不沉溺在过往的悲伤与怨恨中，才能看清楚脚下的路，不为糟心的事忧虑，才能拥有更好的人生。

恰如张爱玲说的："因为懂得，所以慈悲。"

张爱玲曾把胡兰成爱到骨子里，她把自己的照片寄给他时，背面写着："见了他，她变得很低很低，低到尘埃里。但她心里是欢喜的，从尘埃里开出花来。"

那时的张爱玲觉得，这世上无人能像胡兰成懂她，她写的"愿岁月静好"，他续得上"现世安稳"。于是张爱玲爱他爱得奋不顾身，但是，当她不远万里来到他身边时，他已经另有新欢。

面对感情的伤，没有哪个女人可以做到瞬间释怀，张爱玲也曾悲痛难眠，陷入过往的美好与恨意中无法自拔。幸运的是，张爱玲的理智与骄傲战胜了梦魇，悲伤之后收拾好心情，送去一封诀别信，从此远走他乡。

后来，胡兰成曾给张爱玲寄去道歉信，张爱玲看过信后并无大喜或大悲，回复的信中只有一句："因为懂得，所以慈悲。"舍得放下一段曾深爱的感情不易，可正因为放下了，张爱玲才找到了真正的幸福。

固执地挽留，留不住已远走的心，学会潇洒地挥挥手。罗曼·罗兰说："如果你希望一个人爱你，最好的心理准备是，并不是非他不可。你要坚强独立，让自己有自己的生活重心，有寄托，有目标，有自己的朋友圈子。总之，让自己有足够多使自己快乐的元素，然后，很从容地接受或拒绝对方的爱。"

董卿亦曾说过："一个聪明的人不仅知道什么时候上场，还要知道什么时候可以离开，而离开的时间，决定着是你看大家的背影，还是大家看你的背影。"

所以徐志摩念了林徽因一生，他说林徽因是他心中的白月光，是因为林徽因的决绝，林徽因的果断离开，是当她知道这段爱本是错爱时的态度。

林徽因却是个潇洒的女子："人生聚散无常，起落不定，但是走过去了，一切便已从容。无论是悲伤还是喜乐，翻阅过的光阴都不可能重来。曾经执着的事如今或许早已不值一提，曾经深爱的人或许已经成了陌路。这些看似浅显的道理，非是要你亲历过才是能深悟。"

每个女人的前半生都有诸多遗憾，拧巴未完成的心愿，痴恋从前的背影，如此焦虑的人生，毁的是一个又一个十年，女人的一生又有几个十年可挥霍？用过去惩罚现在的自己，才是最大的悲哀。

"回忆本来是非常美好的，只要你能让过去的都过去。"这是电影《爱在黄昏日落时》一句非常经典的话。剧中的男女主角曾爱得深切，失去几年的联系后又再次重逢，当曾经相爱的两个人坐在一起聊天时，谁也没有提及过往。往事如烟，过去的开心也好难过也罢，就淹没在那时夕阳的余晖中吧。贪、嗔、痴、念是人生常态，不纠缠，才能把心空出来，去遇到更好的人。

过往的日记偶尔翻翻便可，不纠缠，与岁月和解，才能身心自由。

沉积在鞋子里的沙粒或有美好的牵绊，但如果一直留着，即便前方盛景如虹，带着痛如何去感受？倒了吧，往事随风亦是一种幸福。正如著名作家白落梅书中写的：当你真的放下，纵算一生云水漂泊，亦可淡若风清，自在安宁。

懂得自己想要什么，能影响你的事情就越少

"你疯了吗？放着一线城市的高薪工作不做，跑回老家嫁人生孩子？"

"我没疯，这样挺好的，我的家乡其实很美。"

"不，你就是疯了。"

"我很清醒，因为我知道自己现在最想要的是什么。"

人贵在清楚自己想要的是什么，就不会迷茫，不会陷进随波逐流的浪潮里，不会再让那些纷杂的事打扰自己。当一个女人学会一心一意去做自己想做的事，去成为自己想成为的人，人生就会避免出现遗憾和焦虑不安。

杨澜回忆，当年一场晚会需要 6 位主持人，有一位前辈和他们一起彩排。然而几日后，当那位前辈拿着礼服来到化妆间时，却被化妆师冷冰冰地丢下一句"你不在名单里"。杨澜说她永远记得那位前辈大姐离开时尴尬又黯然的背影，这让她觉得世事无常。

几个不眠之夜里，杨澜都在想一件事，如果有一天她江郎才尽，是否也会和那位前辈大姐一样，被人丢来丢去？

那时的杨澜正处于事业的辉煌期，她取得了第一届主持人"金话筒奖"，这对于一个刚进入主持行业不久的新人是何等殊荣与风光，同行都在羡慕她，可她偏偏在这时候打算离开。杨澜也担心父母不同意，朋友不理解，有太多太多的问题让她矛盾又痛苦。可那位前辈的背影又一次触动了杨澜。经过一段时间深思熟虑，杨澜想明白，她要主导她自己的人生，而不是被推来推去。于是，杨澜果断离开央视这个铁饭碗，去美国哥伦比亚大学攻读硕士学位。

留学三年归来后的杨澜，可谓气场全开，她加盟香港凤凰卫视中文台，开创《杨澜工作室》访谈节目。从 2000 年开始一直到成为 2008 年奥运会形象大使，杨澜一直清楚明白她要的是什么，这也为她赢得更多她所期望的人生。

那些能主导自己人生，活得风生水起的女人，是过早地就明白自己想要什么，然后一步一步朝着目标前进。在前进的这个过程中，她们有气场有干劲，一切外在的声音都无法撼动或影响已下定的决心，不知不觉之中成长为大多数人崇拜和羡慕的女人。

荷马史诗《奥德赛》中有言："没有比漫无目的地徘徊更令人无法忍受的了。"清楚自己想要什么，想干什么的女人，是成就自己迈出去的第一步。生活会为活得明白的人敞开天窗，所有的契机和好运都会留给目标明确的人。当我们明确自己想要的是什么的时候，为实现它而孜孜不倦地坚持和努力，世界亦会为我们让步。

英国《金融时报》曾评论说：撒切尔夫人改变了我们所有人。但是这位有"铁娘子"之称的玛格丽特·希尔达·撒切尔与英国皇亲国戚却没有任何关系，她不具备"高贵的血统"，没有显赫的门第庇护，但是她却一心想要改变近似滑铁卢的国家，她说："我任职只有一个意图：改变英国，从仰赖他人转为自力更生。从'拿来给我'的国家，变为'自己动手'。一个'立马行动'的英国，而不是等着东西掉到我们手上的国家。"

一个贫民想要在政治舞台上有所建树是非常困难的，尤其那时的英国重门第，讲传统，男尊女卑。但撒切尔夫人矢志不渝："我要继续战斗，我要战斗直至胜利。"为了筹集活动经费，她当小工，面对几次区议员落选，她从未想过退缩，靠着强硬的作风和坚定的意志，小时工一路从一名普通党员上升到了党主席。

撒切尔夫人说："我带着一个目的来到这个办公室：令英国社会从依赖走向自力更生；从人人为我到我为人人；建立一个奋起直发的英国，而不是消极怠工的英国。"

凡是对国家有益的政策，撒切尔夫人不惜用雷霆之手段去实施。可是，也正由于新政策有些激进，民众难以接受，她本人亦遭到了无数的咒骂，甚至引来各党派的批评和指责。但是，撒切尔夫人不为所动，她排除一切干扰，继续推行新政策，直至温暖的阳光和和煦的清风再次光临这片她钟爱的土地，是她让英国再次成为欧洲大地上举足轻重的国家。英国媒体称，撒切尔夫人让一个正在走下坡路的国家，变成了一个身为英国人而骄傲的国家。

越懂得自己想要的是什么，能影响我们的事情就越少。所以，是时候停下来，问一问自己"你理想的人生状态是怎样的？"

别什么都想要，那些如同鸡肋的选择，只会让你取舍不定，越想越痛苦。找只笔拿张纸，把想要的写下来，然后逐一排除，只留下那个自己最在意的。

　　然后问问自己："在你设想的这个人生状态中，你每天都在做什么？"

　　如果你正在做的与自己最在意的没有任何关系，甚至没有任何意义，那就完全否定它，放轻松别紧张，那不会让你失去什么。因为清楚自己想要的是什么，所以不迷茫不纠结，不会因为别人的态度影响决心和初衷。于是我们看到，一个命好，人生精彩的女人，无论处在什么环境中，她的烦恼少快乐多。

　　也许现在你就需要那只笔和一张纸，不妨试一下，或许能让你更轻松些。别再熬日子，别再日复一日过自己不喜欢的生活，虚度时光不是一个高情商女人的选择。所以，亲爱的朋友，明白自己想要的，并为之努力，那才是享受人生该有的行动。

　　女人只有知道自己想要的是什么，心才不会蒙尘，只会越擦越亮，因为心之所向，在这浮躁的年代，才不会随波逐流，在这个物质的年代，才不会饥不择食。

你越在意什么，什么就会让你越痛苦

一个女孩开心地捧来一盆四叶草，她很喜欢四叶草，于是每天都在精心照料着。可三天不到，四叶草的叶子开始发黄，她变得小心翼翼，开始查养花攻略。第六天，四叶草的根都烂了。女孩失落地把它丢进垃圾桶，她难过了很久。

为什么精心呵护，结果却让人失望？实际上是女孩太在意了，所以照顾过了头，每天都在浇水、松土，结果适得其反。就像为什么有时候我们会特别痛苦，是因为执念太深。

越在意什么，什么就会让自己越痛苦，因为在意所以抓得太紧，更害怕失去，那是自己所不能承受的。过分在意，会让我们陷入情绪的激荡中，变得小心翼翼，变得紧张，变得多愁善感，变得太功利，因为越在意，越不快乐。

1931 年 11 月 19 日，徐志摩匆匆搭乘由南京北上的飞机，只为了能赶上林徽因在北平为外国使者举办的中国建筑艺术的演讲会。因为一场大雾，飞机失事了，飞机上的人员包括徐志摩全部遇难。从恋人到知己，徐志摩在林徽因心中的重量是常人不及的，她让梁思成去失事现场拿回来一块飞机残骸，挂在自己卧室，以表达对徐志摩的悼念。

徐志摩的去世，在当时成了林徽因心中难以释怀的痛楚。1932年初，林徽因曾两次给胡适先生写信，心中言语皆是关于徐志摩的。林徽因说，因为徐志摩，她的内心深处始终有一方净土，有美好的情怀，诗意的优雅。可如今故人远去，她的心情一直难以舒畅，抑郁的情绪最终导致自己的身体出现不适，不得不去香山养病。香山是个幽静的地方，可林徽因的心却难以平静，因为过去她亦曾在这里疗养身体，那时总有三五好友前来探望闲聊，其中来的最多的就是徐志摩。徐志摩常陪着林徽因烹茶论学，谈人生，话文化，说生活。可如今，这位知己不在了，清幽的日子似乎不再那么恬静。

那时，人们以为林徽因会就此悲情，失去一抹光彩，但林徽因并非悲情之人，她虽然是个喜欢怀旧的人，却不会过分在意沉迷，不会让自己在复杂的情绪中沉沦太久。对林徽因来说，徐志摩的去世虽然是划在心口难以愈合的伤，但清风明月亦能吹散雾霭。1933年，29岁的林徽因平静地站在世人面前，面色干净，心是豁亮的。那一年，她常去参加朱光潜等人举办的文化聚会，她钟情于自己的文字，亦执着于自己的建筑事业。

佛说：痛苦源于执念，执于一念，困于一念，当然痛苦。

此时此刻，你心中所在意的，若是你一切痛苦的根源，就请放下，如果实在放不下，就让自己的身心休息一下。去找个地方旅行，找个草原去奔跑，找片大海去呐喊，忘记所有，让身心跟着大自然呼吸。当你再次归来时，你会发现，自己一直所紧抓的，原来并没有那么重要。

就像俞飞鸿，当所有人都在担忧她今后的生活时，她却坦然说道："我不是不婚主义，也不是单身主义，我也不是反对婚姻主义，我不反对一切形式。这些都只是一种形式，最重要的是你自己的选择。婚姻也好、不婚也好、单身也好，或者说在一起但不选择婚姻，都是一种生活方式，任何人有自由选择任何一种形式。"俞飞鸿很享受她现在的状态，所以她不在乎别人怎么说，也不在乎一定要怎么做才是完美人生，现在的生活方式让她觉得很舒适，这就够了。

在傅首尔没有出名之前，她最在意的是她的爱人能够多努力一些，因为她爱人是个随遇而安的人。傅首尔想过上更好的日子，她爱人却说只要和她在一起，每天都是好日子。这样的浪漫和情调是受用的，但傅首尔却依然踌躇满志，就对自己的爱人说："只要我们一起努力，一切都会有的！"

从此，傅首尔开始不停地鞭策自己鞭策她的爱人，他们俩就像陀螺一样无止无休地转着。当然，这让他们的生活有了很大起色。可傅首尔却常常看到她爱人一个人躲阳台上抽烟，这让傅首尔意识到，日子虽然好了，但她爱人却并不觉得快乐，这让她也很痛苦。

后来傅首尔在《奇葩说》中说："我婚姻最大的遗憾，就是他一直都过得不快乐！一直在鞭策他为了我想要的生活努力，却从来都没有问过他，这是不是他想要的生活。"

时刻提醒自己别太在意，没有一件事没有一个人是心平气和不能去面对的。深呼吸，如果还是无法放缓节奏，就多呼吸几次，转移开视线，舒展眉额，告诉自己："女人就该像春天的雨，细而清透；

像夏天的花，娇而艳丽；像秋天的风，清爽而舒心；像冬天的雪，高冷而纯洁。我本可以潇洒自如，开心就笑，难过就哭，不必太在意什么，人也舒坦，心也自由。"

跟自己说声抱歉，不再因别人而难为自己

　　有人说你长得很像民国时期的闺阁小姐，秀气文雅。于是你时常在乎自己的一颦一笑是否温婉大方，迈出的步子是否优雅，牙齿咀嚼食物的声音有没有打扰到别人。当大家都称赞你很有风范时，你是欣喜的，可每当夜深人静的时候，你又感觉自己的头和四肢像瘫痪了一般，很累很累。于是你张牙舞爪地躺在床上思考：我为什么做角色扮演？为了满足别人对我的设定吗？

　　著名作家莫言在《蛙》中写着："不要以为世界上的人都在关心你的事。你是不是以为人人都在盯着你？其实，各人有各人的烦心事，没人管你这档事儿。"

　　特别刺骨的话，又真实地戳进人心窝里。女人是感性的，所以习惯在意别人的感受和眼光，于是活成了他们希望的样子。可人性是贪婪的，我们的一再妥协，只会让他们得寸进尺，一而再再而三地对你提出要求。

　　如果你一直在委屈自己附和别人，不断难为自己去成全和满足别人。让人心疼的女人啊！你原本可以做向阳而开的花，却把

自己埋进泥土里任人踩踏，你真的欠自己一声"对不起"。

电视剧《放弃我，抓紧我》中，陈乔恩扮演的女主角说过这样一段话："等着看你出丑的人，无论你怎么做，做什么，他们都会用异样的眼光看你，所以有的时候不用太在乎别人的眼光，自己过得开心幸福就好。"

人就这一辈子，短暂到你不清楚明天和意外哪个先到来，喝了孟婆汤，走过奈何桥，纠缠过的未纠缠过的，再无干系。何必浪费仅有的时光为难自己？众口难调，我们口中的女神也不是任谁都喜欢，所以别让自己辛辛苦苦活成别人希望的样子，做好自己就够了。

当别人询问你的意见时，如果你不同意，就大胆说出来"我不同意。"大大方方说出你不同意的理由，一句话而已，没人会吃了你，比起迁就他们委屈自己，谁也替代不了你受过的伤，压抑情绪对女人造成的伤害不只是精神上的，更是身体上的。

《奇葩大会》上，清华才女蒋方舟曾说："因为太希望别人喜欢自己了，而活成了一个谄媚的人。"

怕起冲突，怕别人生气，即便对方侵犯了自己的原则或底线，即便明明清楚自己的不愉快，可到嘴边的话又硬生生吞了回去，生生把自己活成了讨好别人，又令自己厌恶的人。亲爱的，真的不用这么拧巴。

艾莉诺·罗斯福说："未经你的同意，没有人可以使你感到卑微。"

理直气壮一些，坦然一些，女人的自信应该是高傲又不可亵渎的。勇敢一些，拒绝别人不会让你变得比现在更糟糕。那些生活得有滋有味的女人，是因为她当有的姿态。

所谓姿态，不是凹凸有致的玲珑身材，而是淌过时间的长河后，岁月沉淀于心的不畏人言，不攀附不盲从。其实每个女人都有过那样一个阶段，为了别人而难为自己，从苦中作乐蜕变到女神，总要有个过程。第一步，就是告诉自己"我要为自己而活，生而为人，我这一世没人能代替，我不再为你们难为我自己。"

别再让他们给自己贴上"老好人"的标签，这样得不到真正的认可和尊重。人活着，除了自己，皆是过客。我们时常从一个地方到另外一个地方，谁又曾真的把谁放在心上呢？天上浮云千千万，只有自己觉得哪朵好看才是真的好看。迁就别人，说违心的话，做违心的事，除了让对方舒服些，你只会成为他人眼中随波逐流，没有主见，更缺乏内涵的女子。

蔡康永说："我鼓励大家做一个冷淡的人，过于热情不是一个人维持良好关系的方法。"

所谓冷淡，不是事不关己高高挂起，是别再要求自己去满足所有人的期待，别再强撑起热情对所有事都大包大揽。你想得太多了，亲爱的，很多时候就是想得太多。学会遵从内心的声音，别因为他们说了一句"你该换个风格，这件衣服不错。"就买了挂衣柜里蒙尘，看着也会窝心。

小事失守，大事失衡。生活不是用来妥协的，退缩一旦成为习惯，能供我们呼吸的空间就会越来越少，他人就习惯为你做主。日子也不是用来将就的，太卑微的女人，幸福会悄悄走远。

朋友不需要太多，有一两个就是福气。女人的余生，一定要怎么开心怎么过，合不合群，真的没有你设想的那么重要。不喜欢不假装，不合适不勉强，生活本身就充满了变数，不必为了他人委屈自己。

　　青春啊，岁月啊，都不是别人开心就能赐予我们的，不需要为了那些人放缓自己前进的脚步。心软是一种亏损自己的善良，最后换来的不过别人的一句"你是不是傻？"

　　"我与我，周旋久，宁做我。"是《世说新语》里的话，送给你，你的世界与他人无关，尽管周旋，也别再为难自己。

你要做的不是索取幸福，而是创造幸福

"如果你能多爱我一点，多关注我一些，也许我的人生不会荒废至此。"

"我跟了你之后，可享受过一天好日子？你给我的是拮据，是把我从天上拽到淤泥里。"

原是风华正茂的年龄，却喜欢把男人的深爱当作幸福源泉。一度把自己变得神情紧张、小心翼翼、患得患失……整日拧巴着自己的情感，只为了让他给自己更多幸福。但是伸手要来的幸福越多，反而越没安全感，越不幸福。

毕淑敏曾说："一个有安全感的人，就像一颗悬挂天空的小小恒星，会自动持续发出温煦的光芒，既照亮自己也照亮他人。让这个世界多一点和暖，多一点光明。"

有安全感的女人自带幸福，因为这份安全感源于自己，自给自足。董卿曾说："你永远记住，靠谁都不如靠自己，这是最安全的。"经久不衰的幸福，是自己给的，我们要做的从来不是索取，而是创造幸福。

张幼仪 15 岁时就嫁给了徐志摩，本以为能相守一生，但在徐志摩眼中，她传统呆板，见识浅薄，实在不合他的心意。后来，徐志摩借口出国留学，远离了这个为她生了一个儿子的妻子。

张幼仪一直把徐志摩当作自己的天，她无法面对生活没有他的那种无助感，于是就坐船去欧洲寻他，可寻来的却是一张离婚协议，那时她肚子里还怀着徐志摩的孩子。而徐志摩却爱上了林徽因，对张幼仪早已弃之如敝屣。

张幼仪真的很爱徐志摩，她以为跟着他会是最大的幸福，可最终他弃了她。在异国他乡，徐志摩没有想过她该怎么生存下去。面对语言不通又刚生完孩子，张幼仪也曾恐慌和悲痛，可最终她幡然醒悟，意识到女人的幸福不能寄托给男人，她不能再"摇尾乞怜"，果断同意离婚，开始在这片陌生的土地上成长、蜕变。

张幼仪通过自学，练就了一口流利的德语，并进入德国学校学习幼儿教育。回国后，张幼仪就像浴火重生的凤凰，先是在东吴大学教授德文，后又出任商业银行副总裁，云裳服装公司总经理，成为当时名气很大的风云女子。

张幼仪说："我一直把我这一生看成有两个阶段：'德国前'和'德国后'。去德国以前，我凡事都怕；去德国以后，我一无所惧。""事后证明，我一个人在欧洲度日，是不幸中之大幸，因为一直到我回国以后，还有人在议论我离婚的事。如果不是因为我在德国变成一个独立自主的人，我恐怕没法子忍受人家对我的注意，抬不起头来。"

梁实秋曾这样评价张幼仪："她是极有风度的一位少妇，朴实而干练，给人极好的印象。"

徐志摩对她的改变亦有改观，他在给陆小曼的信中这样评价张幼仪："一个有志气，有胆量的女子，她这两年进步不少，独立的步子已经站得稳，思想确有通道。"

杨澜常常听到一些女人说"如果我遇到了白马王子，一定会幸福"，或者"等我老公再升一级，工资高了，我也就不愁了。"等来的幸福是卑微的无力的，张嘴要来的幸福，随时都会被取走或捏碎。

真正幸福的女人，脸上洋溢着祥和，随风浅笑，无忧无虑，说起生活皆是美好。那不仅仅是岁月的馈赠，她还是懂得世界是自己的，快乐或不快乐自己说了算，跟他人无关，幸福是她们本身就拥有的一种能力。幸福的绳索必须掌握在自己手中，既要握得稳，又要懂得持续编织它的长度。

美好生活来自一个人对幸福的感知能力，就像鱼能感受到水的激浪，又能体会到水的温柔。我们对幸福同样需要感知，生活除了琐碎，还有静好，身边的人除了缺点，还有可爱的一面。学会欣赏，善于发现美的女人，更容易获得幸福。

会营造幸福的女人，生活中处处是智慧。杨澜一直生活在一个大家庭中，有父母、爱人和孩子，这样的生活方式没有让她觉得拘谨或激化矛盾，因为比起讲道理，她更喜欢跟家人讲感情，并习惯倾听。杨澜认为，即使最亲的人也有不能触碰的边界，别去轻易挖掘，要学会尊重。给自己一个空间，也给最爱的人独立的空间，无论是爱人还是孩子，只有把握好空间的尺度，才不会彼此刺痛，又能互相温暖，这是杨澜所拥有的幸福力。

什么是女人的幸福力？就是告诉自己有他虽好，没有他也不错；恋爱前，每个女人都是独立又洒脱的，结婚后别丢了自己；所谓的家庭幸福是：我们各自安好，互相打扰又互不打扰；你可以爱他爱到痴狂，爱到骨子里，但请保留一份冷静，爱不是依附，仅仅是爱他那个人而已。

能够靠自己营造幸福生活的女人，一定是一位善解人意的妻子、母亲和儿媳，把丈夫，孩子和公婆当作朋友，朋友总是无话不说又能拿捏好分寸，这样就化解了很多尴尬或介意的事，夫妇和睦，家庭温馨。

长长久久直到白头偕老的爱情与婚姻，需要女人的幸福力去经营。几十年漫步方遇到彼此，你我都不忍心对方负重前行。轻轻挽着他的臂膀，一起感受生活所赋予的苦和乐，说一句"这样挺好。"让岁月为我们谱写美好生活的赞歌。

当你接纳自己的不完美，才会被世界温柔以待

世上并无完美之人，你我皆确信这一点，恰如苏东坡词里所写的："人有悲欢离合，月有阴晴圆缺，此事古难全。"每个人都有自己无法规避的小缺陷，或许是烦恼自己过于平庸，或许是身材不够修长……故而，我们羡慕那些隔着屏幕美丽动人的女人。但是，看似完美无缺，光鲜亮丽，日子过得顺风顺水的人，其实都有自己的烦恼，都是不够完美的。你是这世间的独一无二，尽管你总觉得自己在某些方面不理想，却总有一个人在远方为你驻足。所以，接纳自己的不完美，你会发现这个世界远比你想象的温柔可爱。

9 岁那年的冬天，杨佩因为一场电击失去了双臂。

在《鲁豫有约》中，鲁豫问杨佩："夏天，你也是长袖子吗？"

杨佩平静说道，我夏天穿的都是短袖，甚至我还穿无袖。我记得给我印象最深的就是有一次，我在街上等公交车，坐在那，旁边站了几个女孩，可能开始的时候她们都没有注意，后来其中一位看到以后。说到这里时，杨佩反而笑了一下，接着说道，她

就回过来看到我，就大声尖叫了一声。但是我没有哭出来，我眼睛里含着泪，我没有哭出来，我就感觉为什么要这样看我呢？我很可怕吗？……当时给我的心灵创伤是特别大的，后来可能就是我买衣服，有一段时间我也会逃避，我不想去穿短袖，我想穿长袖，甚至热天的时候，我就会穿秋天的衣服。然后过了一段时间，我感觉那不是我想要的生活，我就是这个样子的，我就要大胆地走出去。然后甚至有时候，我就试穿着那种无袖的长裙，无袖的衣服，我就敢大胆地走在街上，很多人都看着我。当别人都看着我的时候，我都没有在乎，我不想在乎他们的眼光，我自己是什么样就是什么样。

从自卑到委屈到经历了无数嘲讽和诧异的眼光后，杨佩终于接纳了自己没有双手这个事实，所以她不再关注这件事，而是把全部注意力放在自己的双脚上。杨佩利用一年的时间，练就出用双脚穿针引线绣十字绣的本领，灵活度甚至超越了别人的双手。杨佩的事迹感动了千万人，她也收获了爱情和家庭，并致力于助残公益事业中。

著名作家张德芬曾说："人生归根结底是一场修行，你我都是在路上的人。不完美，有缺陷，需成长。人生而不完美，可那就是我自己啊，如假包换，不折不扣，独一无二的宝宝，就算拿全世界所有的奇珍异宝也不换。"

记者问杨澜如何看待自己的美丽？

杨澜陷入回忆中，她记得第一次参加主持人大赛时，她表现得确实不错，很有潜力，可评委还是给了一句让她很难过的话，评委说她"你不够漂亮"。因为这句话，杨澜回到家的第一件事就是照镜子，并且反复拿着镜子查看自己的五官，她发现自己确实不太漂亮，这让她心里很难受，特别失落，就像受了重击。

但庆幸的是母亲点醒了她，母亲告诉她：人不一定必须漂亮或者乖巧可爱就是美，对女性而言，独立、自信、睿智都是美的标志，外表不需要过分在意，心灵和境界对女人更重要。母亲的话影响杨澜至今，让她感受到身为一名合格的主持人，应该具备自己的人格魅力，注重个人修养，而不是把心思都花在五官上。

刘若英给人的感觉是温和、舒适且知性，在她身上有种岁月静好的美感。她在《我的不完美》一书中写道：不在乎他人的评判很重要，但懂得欣赏自己也很重要。只有接受自己的不完美，或说彻底承认没有完美这回事，才能看出自己的美妙处。

请接纳自己，大大方方承认"我就这样"，你不亏欠任何人的，只需要接受不完美的自己。在寂寞的时候，给自己拥抱；孤独的时候，给自己安慰，与自己的不完美和解。人与人之间最大的区别，是你和他们总有些地方不一样，恰恰是这个不一样让你与众不同。对自己多一些自信，懂得珍惜自己的女人，才可以坦然面对这个不完美的世界。

维纳斯女神断了一臂，但她的美令人如痴如醉。学会接纳自己的缺点或不足，才会让人接近完美。因为接纳，所以不惧怕不忧虑，内心坦然，我认识了我，我还有什么可担忧的呢？

每个女人都可以是一朵花一道风景，生活于世上，只需要活给自己看。总是乐呵呵的女人，或潇洒地不拘一格，或强大到耀眼，是因为她们早已认同了那个并不完美的自己，同自己握手言和。这个世界虽然会给每个人划上一个口子，但从不苛责温柔以待的人。

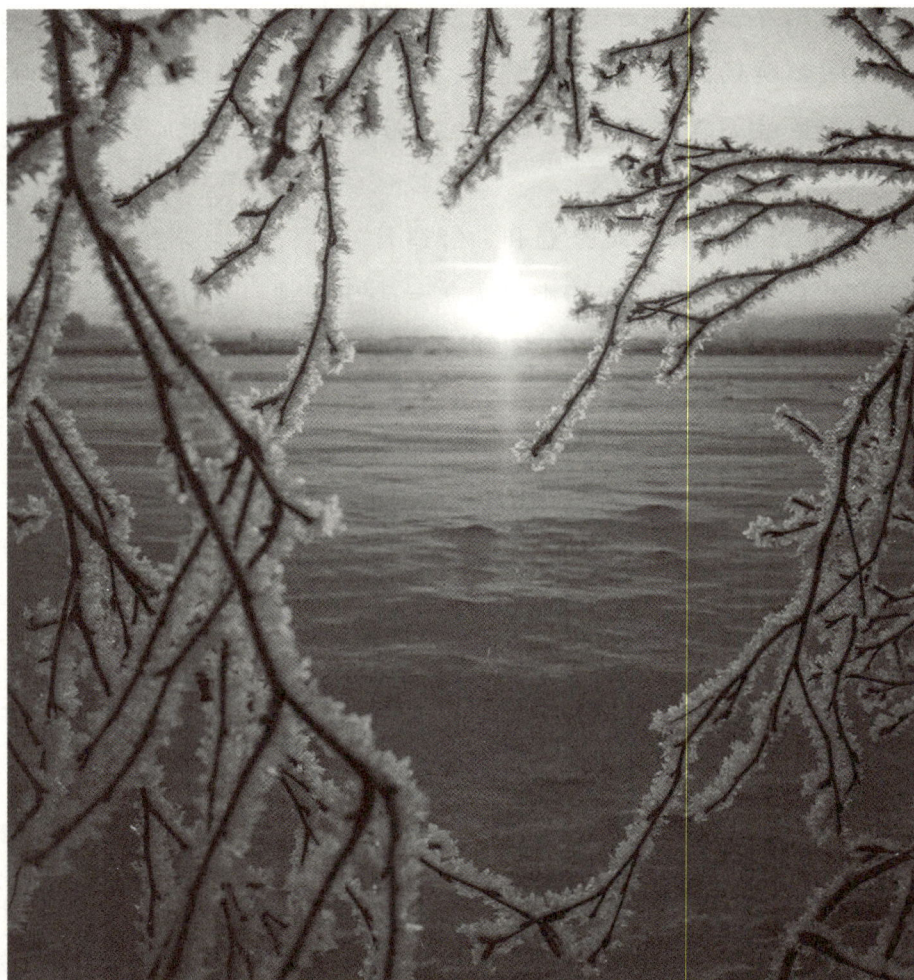

所谓通透就是看清生活的真相，依然热爱它

电影《无问东西》里有句台词："如果提前了解了你们要面对的人生，不知道你们是否还会有勇气前来。"

无论我们在抱怨什么，烦着什么，可谁的生活不枯燥？谁的工作不委屈呢？纵然生活有一千万种模式，也没人能逃得掉一日三餐，生老病死。

朱军曾问过刘若英："为什么你总能给人一种温和淡定，不急不躁的感觉，难道工作中遇上难题的时候，你不会很气急败坏吗？"

刘若英说："那是因为我知道，没有一种工作是不委屈的。"

因为看得通透，所以也没啥好较真的。就像罗曼·罗兰在《米开朗基罗传》中写的：世界上只有一种真正的英雄主义，就是认清了生活的真相后依然热爱它。

经历过生活的苦与乐，我们都明白生活本就如此，只是不愿面对，可你逃不掉，别人也逃不掉。既然都同处于一个大环境里，开心也是一天，不开心也是一天，累也罢，苦也好，几十个春秋稍纵即逝，与其声声讨伐，不如继续爱它。

　　毕淑敏在《破解幸福密码》中写道："真正幸福的人，不仅仅指的是他生活中的每一个时刻都是快乐的，而是指他的生命整个状态，即使有经历痛苦的时刻，但他明白这些痛苦的真实意义，他知道这些痛苦过后，依然指向幸福。甚至可以说，这些痛苦也是幸福的一部分，他在总体上仍然是幸福的。"

　　在一定意义上说，人都是平凡的，唯一的区别是各有各的经历，勇敢接受现在的生活，活得清醒，才能活得强大。

　　2014 年董卿悄然离开央视出国修学，长达三年的时间，她放慢脚步，却没有停止成长。2017 年她华丽转身，呈现在大家面前一个全新的董卿，她热情洒脱，被称为"大家修养的化身"。董卿说："我觉得即便再困难、再失望，我也没有想到过放弃，因为我为这件事准备等待了 20 年，我突然明白，我之前走过的每一步都是为了今天能够走上这个舞台。""我也累到哭过，或者说急到吼过，我也有很不堪的那种状态，但就像我在节目当中也说到，所谓的勇气，是你在认清了生活的真相之后，依然热爱它；在所有的这些让你焦虑的、纠结的、崩溃的事情的背后，你还是要明白，最终的彼岸是什么？你想要达到的目的是什么？在拨开一切的乌云和荆棘之后，它是什么？如果你坚信这一点的话，可能你还是会获取一些力量的。"

　　我们站在生活面前，哭过、闹过、疯过、挣扎过、抗拒过……生活总是让每个人痛并快乐着，这像极了历劫，似乎一定要经过九九八十一难才能到达彼岸。泪水是无价的，但换不来生活的怜悯，唯有继续热爱它，乐观面对每一天，荆棘之后，一定会得到你想要的结果。

就像那在田间跳舞的夫妇，45 岁的彭小英和丈夫范得多是一对普普通通的农民夫妻，他们只有八亩田地，生活虽不富裕，但小家有小家的欢乐。然而丈夫却因为车祸得了抑郁症。彭小英说："半夜我都去找他，每时每刻都看着他。"

可以想象那是一段多么令人心酸又难熬的经历。但彭小英没有放弃希望，她爱上了跳舞，并拉着丈夫一起跳。起初丈夫是拒绝的，但妻子的软磨硬泡还是让他大胆地跳了起来，渐渐地，丈夫觉得跳舞很有乐趣，身体好了许多，也不再抑郁。一个偶然的视频，让这对夫妻迅速走红整个网络，受到亿万观众的赞赏和各大媒体的关注。彭小英在一次采访中说："现在哪怕我们两个人吵一架，音乐一放就没了。我们的条件也慢慢都好起来了，以前的酸甜苦辣和贫穷已经都说再见了。"

"纵然生活虐我千百遍，我待生活依旧如初恋。"看透生活的本质，但你依然热爱它，才能迎来一次又一次的蜕变，朝着你所期待的样子发展。那些在别人眼中命好、生活幸福的女人，对待生活的洗礼和变革，总是抱着包容的态度，因为接受总比做个怨妇好得多。

热爱生活的女人，她们把所有的磨难和快乐都当作人生必需的经历，所以她们常说"生活是丰富而精彩的，缺了痛苦，你尝不到幸福的甜；缺了快乐，你体会不到日子的苦；因为有过失落、沮丧、挫败，我们才更加珍惜已经拥有的。都是缺一不可的，因为单一的感受远比你想象的更乏味，五味杂陈才是生活本该有的样子。"

如果觉得乏味，就逛逛街，吃点好的，没有什么苦闷不是撸串解决不了的，如果一串不行就再来一串；如果累了就适当休息，别太苛责自己，钱这种东西永远不会消失，但生命却比它短暂得多；刷点小情怀的剧，看看花草，找一找天上的星星，去发现身边细小的美，总有一种感觉会让你发现这个世界其实很美好。

没有柴米油盐酱醋茶，哪里来的琴棋书画诗酒歌？所谓高雅都是靠平凡支撑的。生活本就雅俗，雅而不俗是作品，而生命是鲜活的，所以当我们看清生活的真相后，请继续热爱它吧！

制造快乐，春风十里不如你笑靥如花

也许你的生活并不富裕，也许你没有一份体面的工作，也许你正在困境中，也许你被情所困，也许你现在失业了……

不论你遇到哪些不如意，请你在出门的时候，一定要把自己打扮得清清爽爽，漂漂亮亮，昂起头，挺起胸，面带微笑，从容自若地面对生活。

就算不开心也要学会制造快乐，笑容不一定能使世界绽放，却可以放松紧绷的胸膛。从笑中汲取安慰和力量，再多的麻烦、悲伤有什么大不了？ 1982 年出生的漫画家熊顿，本名项瑶，她自嘲胖乎乎得像只熊，又认为自己像牛顿一样，是被树上掉下来的苹果砸中才有了画画灵感，所以，她给自己取了笔名"熊顿"。

2011 年 8 月，熊顿起床后突然晕倒，被室友紧急送往医院后，被确诊为恶性淋巴瘤。

从此，熊顿开始了自己的抗癌生活。她觉得整天在医院很无聊，就尝试着用画笔把自己与癌症作斗争的经历记录在了漫画《滚蛋吧！肿瘤君》中。漫画中的熊顿，是一个非常活泼开朗的乐观主义者。她这样描述自己生病的过程，"我病了，刚起床走到房门口就轰然倒下，口吐白沫四肢抽搐，完全不省人事，并且……全裸。"接着她被检出患瘤，开始化疗，在她笔下的化疗过程是这样的："穿刺很疼，从胸口勾出两条肉丝，像两条痛苦的虫子，也可能是外星人，会不会培植出好多好多的我呢？想想就好玩。"

治疗过程中的种种痛苦都被她化作了一句句玩笑，和无厘头的搞怪描述。她把抵抗病魔想象成跟医生一起在大战僵尸；打止痛针疼得难以忍受时，她说"肿瘤君意识到我要跟丫分手就开始闹腾了！"化疗让她变成了光头并开始发胖，那么爱美的她把自己画成了一个可亲可爱的"老方丈"。让网友看着笑了，又哭了。

熊顿说："生活给予我的，不管是幸运还是坎坷，是快乐还是痛苦……所有情绪与经历统统可以成为付诸笔尖的素材！"

"不舒服的时候，忍忍就过去啦。"熊顿对抗癌说得轻描淡写，仿佛这不是恐怖的癌症，只是平常的小感冒。

2012 年 11 月 16 日，熊顿被癌症夺走了生命。即便是生命的最后关头，她仍然努力挤出笑容，想要宽慰妈妈。

告别仪式上，熊顿静静地躺在鲜花丛中，3 只大熊和生前出版的漫画作品陪伴在她身边。她的遗像带着笑容，电子屏中，她的那句"我愿用微笑为你赶走这个世界的阴霾"，温暖了所有人。

无论遇到什么困难都要微笑着面对，努力活下去。电影《素媛》中有一句话："最孤独的人最亲切，最难过的人笑得最灿烂，因为他们不愿意身边的人承受相同的痛苦。"那些担忧、那些害怕，都是女人加诸在自己身上的枷锁，越是挣扎在黑暗中陷得越深。不如笑着面对，让阳光化解悲伤。

亚里士多德说，生命的本质在于追求快乐，使得生命快乐的途径有两条：第一，发现使你快乐的时光，增加它；第二，发现使你不快乐的时光，减少它。为什么不制造一点快乐呢？天上不会掉下来免费的午餐，却常常落下免费的快乐，不见得落在金碧辉煌中，却常常散落在犄角旮旯里，需要我们像觅宝一样地去寻找，这就是快乐的能力。

生活中的小情趣，会给女人带来不一样的快乐。有情趣的女人会种花养草，赏云观月，听听音乐，读读小说，逛逛街，梳理散乱的情愫，放飞美丽的心情。疲乏了，她们会出去走走，让大自然的美景平抑内心的躁动，消融心中的不快。

做个快乐的女人，热爱生活，时刻保持一颗平常心，于日复一日的平淡生活中理解和创造生命的乐趣。相信只要用心去体味，平凡的日子中同样藏着精致和美丽。

世界上没有什么花能比女人的笑脸更美丽动人。不是每一个女人都有着漂亮的容颜，但是每一个女人都可以有一颗快乐的心和一张写满笑意的脸。

生活给了女人太多的责任，太多的负担，以及太多的约束。很多女人习惯把自己的心囚禁在一个狭小的天地里，于是琐碎、烦恼、苦闷、忧郁随之而来。所有的不快乐写在脸上，再美丽的女人也会不再动人。

女人应该为自己而活，活得轻松，活得随意。快乐的女人在给别人带来愉悦的同时，也给自己带来一份自信。

快乐是女人最好的彩妆，快乐是女人最华丽的衣裳。快乐的女人是一个最美丽的天使，快乐的女人是一道最灿烂的阳光。快乐是女人一生最大的财富，有了快乐的心也就有了年轻的容颜。

从今天起做一个快乐的女人，唱歌、跳舞、逛街、旅游，看山、看海、看冰雪消融、看春暖花开……

第三章

心灵管理：

不慌不忙，在心中修篱种菊

不必焦急地寻找或是等待，女人要按照自己的节奏，不慌不忙地努力。纵算世间浮躁，女人依然能素心如月，诗意栖居，方能在最美好的年华里，不辜负最好的自己。

无论遭遇什么，玫瑰从来不慌张

"玫瑰从来不慌张"是法国的一句谚语，玫瑰花文静又美丽，它的色调浓烈亦沉着，似乎具有安抚灵魂的魔力，在岁月流沙之中，静静地伸出侧枝，含苞，绽放，到最后凋零，风雨中遗世而独立。

风雨就像生活的偶然和必然，在交织中亦有变数。有些人喜欢占卜人生，喜欢预测未来，但生活不会像开了挂似的一帆风顺，总有那么一些事或一些突发状况发生得猝不及防。面对这样的不期而遇，能做到淡定自若的女人，就像一朵玫瑰，魅惑、温和又不失风骨。

2007 年元旦特别节目欢乐中国行快到零点倒计时时，导演发现时间上出现了纰漏，还有两分半钟的空当，便急忙通知董卿，让她想办法控制好节奏。

面对突然而来的状况，董卿没有表现出任何异常，她大方自如地开始自由发挥。

可又发生了变故，导演通过耳麦再次提醒董卿："不是两分半钟，是一分半钟！"董卿继续伸缩自如地调整好语序，准备结束。

然而耳麦中再次响起声音："不是一分半钟，还是两分半钟。"

　　毫无预兆地变来变去，若换作常人，恐怕早已招架不住，只见董卿从容淡定地向舞台两边走去，对着台下的观众深深鞠躬，用即兴而来的排比句，让节目在一片欢快的掌声中顺利收官。

　　一个女人的从容优雅源自她的实力。有实力的女人，必然经历了持久的磨砺和练习，才能在遇到问题时从容不迫，应对自如。女人当有玫瑰的精神，无论情况有多糟糕，保持镇定从容的姿态，面带微笑，所有难题，在冷静的人面前，都将不堪一击。

　　2019 年中国女排赢得世界杯冠军，中国女排的队长朱婷亦成为世界女子排球体坛上的一颗明珠，可谁能想到，这个光芒万丈的姑娘曾历经了无数的风雨骤变，才会蜕变得这般强大。

　　朱婷的家在河南周口的农村，她父母是普普通通的农民，家中有兄弟姐妹五个孩子，家庭条件并不富裕，还有额外负担的债务。朱婷从小就在体能上有天赋，后来就上了体校，父亲经常给她送馒头和咸菜。虽然日子艰苦，但朱婷却把艰苦化作动力，这使她比一般孩子的心智更成熟。

　　天有不测风云，就在朱婷练习排球期间，她家中突逢巨变，父亲不幸受伤躺在了床上，这让原本就艰苦的生活变得雪上加霜。但是，朱婷并没有为此慌了手脚放弃排球，她反而更加坚定，一定要在排球上打出一片天地。于是她更加刻苦努力地训练，终于靠实力进入了国家队。她靠着长期以来应对突发状况的那份淡定和坚韧证明了自己，帮家中还清了债务，成为家喻户晓的体坛巨将。

　　《七月与安生》里，七月的妈妈对七月说："过得折腾一点，也不一定不幸福，就是太辛苦了，但其实，女孩子不管走哪一条路都是会辛苦的。"

世上没有康庄大道，我们总要面对一个又一个突然而至的意外，辛苦无可避免。但心态好，足够冷静的女人，不会因为事态的严峻或不可捉摸乱了心境，困难在心志坚定的女人面前，会激起更大的反抗和力量，化为成就的助力。

玫瑰的温和，在于它盛开时不疾不徐，一点一点绽放，每一片花瓣都承载着生命之重，所以采摘下的玫瑰，亦能保持持久的姿容和芬芳。有平常心的女人，亦有玫瑰的温和，不疾不徐、不焦虑、不恐惧，稳得住气场，才能以不变应万变；亦明白，所有糟糕的状况，不过是对人的考验，沉得住气的人，会是最终的胜利者。

女人不可以停止修炼和成长，在心中修篱种菊，所有的从容，都是心灵的积淀。就像玫瑰有刺，刺是玫瑰为保护自己滋养出的护具，有底气，自然宠辱不惊。我们也需要培养出自己的"刺"。

撒切尔夫人曾说："一个优秀的女人，往往不会将自己局限在某个领域里，她们总是在各个领域同样出彩。"

有才情的女子，灵魂是清透的；睿智的女子，何时何地都是理性的；博学多知的女人因为拥有能够掌控局面的智慧，所以不慌不忙。准确的认知和判断力，都离不开一个人的学识。从容、优雅又高贵的女人，非生而高贵，而是越活越高贵，注重知识的汲取，懂得取精华去糟粕，懂得获得既是成长。

倘若情况突至慌了神，压制躁乱心绪最快速的办法是深呼吸，深重的呼吸节奏可以在几秒内平复心境，心静下来，思维才能有效运转。再者，一定要有胆识，请记住"怕什么就一定会来什么"。

所以别怕，因为怕或不怕都得去面对，但怕一定会让事情朝更坏的方向发展；不怕，心才会更镇定，不至于慌了手脚，做出不理智的举动。

"世间本无事，庸人自扰之"，心不动则万物以宁静。意外当前，稳住心神，便是保全了结果。从容冷静，优雅解决，是一个女人当有的玫瑰风骨，亦要保持傲人之姿。

在喧嚣琐碎的日子里，诗意地生活

　　浮躁、琐碎、喧嚣的日子如风吹动着海面，鼓动着叫"欲望"的暗潮，我们为了实现心中的渴望，毫不犹豫地转身投进用钢筋混凝土构建的快意世界，却又带着对生活的无望和对人性的不满，发泄在麻痹精神又虚构的各种小视频平台上，将自己的全部倾吐在网络世界中，与初心渐行渐远。可时钟上不停旋转的针，不会因为你停留，只会冷血又毫无幽默感地卷走你的青春华少，削掉清透的诗意，让你继续浸泡在喧嚣琐碎的日子里。

　　尘世混乱得令人抓狂，却依旧有那么一些女人不慌不忙地在寻找霞光，她们像岁月里的高山雪莲，像草原上成片的格桑花，活得优雅又不盲从，静静寻找着心灵深处的净土。

　　就像《中国诗词大会》上的董卿，她自信优雅一颦一足都不缓不急的姿态，吐气如兰的谈吐，无疑不是那一场场诗词盛宴上毫不吝啬于选手的一道光。

　　有人问董卿："你老了想做什么？"

　　董卿淡淡笑说："我只要一间屋子，一壶茶，一本书。"

历经世事磨砺的董卿喜欢诗意地生活，在常人眼中，她本身已然活成了诗，尽管岁月匆忙，尽管诸事繁多，尽管身边依旧是世俗的偏见与傲慢，董卿展现在观众面前的是坦然与敬意。

生活本就枯燥，无论是财富如山，还是捉襟见肘，这个世界仅此而已，你觉得无味，它亦无味。所以生活需要诗意来调剂，别小看它，它强大到足以抚平躁动不安的灵魂，唤醒沉睡依旧被蒙了尘的初心，它会让你在以为自己的人生已然落幕之时，点燃心中新的憧憬，让你发现明月亦是生命不息。

为什么那么多人喜欢李子柒？在她录制的短视频中，甚至很少有文字出现，却让国内外的男女老少都喜爱她。在她的世界里，一年四季春夏秋冬变换如炊烟袅袅怡然。她近乎神奇地把诗和远方搬进了自己的生活中，让人们讨厌的柴米油盐变得有诗意，雨、雪、花鸟鱼虫冲淡柏油路上的燥热，琐碎的日常生活在李子柒的挑水、捡柴、刷锅、做饭中变得美哉悠闲。浓重的烟火味让李子柒过成了诗，带给人们淡淡的乡愁，勾起人们心中久违的梦乡。

倦鸟要归巢，可能去向何方？我们被灯红酒绿高楼大厦埋得太深，只想着挣扎反抗，已习惯性地以为人只能这样与这个世界去搏斗，名利才是人间四月，可结果是，我们很累，累到筋疲力尽时却还在执着地以为这就是我们想要的生活。

生活的本质是什么？是快乐，是享受，是不负青春年华里的每分每秒。我们错过得太多了，人生这么短暂，我们除了拼命努力让自己过得更好，也别忘记年少时"采菊东篱下"的梦想。人是需要诗意的，诗意同样是一种力量，虽然温和却可以点燃希望，它可以潦草，可以随性，但依旧是美的，给人心里填满阳光。

人人都羡慕杨丽萍的美背，网上有评论说："她这样子只可能是神仙下凡，虽然我们早已习惯了她仙气的样子。"

杨丽萍在洱海边散步时，一扇拱门就让她心生涟漪，有人说也许是风勾起了她跳舞的欲望，所以才情不自禁地起舞，她身上的长裙随着舞姿翻飞，飘逸又晕染。62 岁的女人已是垂暮之年，然而杨丽萍却像个灵动的少女，举手投足间挥洒灵气与优雅。

杨丽萍一直生活在一片绿意盎然姹紫嫣红的花海里，她喜欢咀嚼玫瑰的香气，她的世界里充满诗意，所以她从不觉得荒凉，更没有彷徨，而她的身体乃至灵魂，都被滋养得格外有情怀。

有人说："我种点花花草草，是不是就有诗意了？或者再养点小动物，就有味道了？"什么是诗意地生活？不是养点鸡鸭，种点花草，约上三五个好友谈心品茶就有的。再诗情画意的景致，若没有一颗诗意的心，与看一堆荒石没有分别。把心放下来，学会发现生活中点点滴滴的美，诗来自亲手烹饪美食的香气，来自洒扫屋舍的成就感，来自孩子们的欢声笑语……诗意是无处不在的，这只需要我们安下心来，静静去体味生活的酸甜苦辣，就像四季更替，有惜别有重逢。

诗意起源于景，沉乎于心。是一种此情此景难追忆，华灯初上非少年的感慨，是"青青子衿，悠悠我心"的期盼，更是繁华落尽虽苍凉，我心依旧不惘然。每个女人都应该是一首诗，因为心中有诗，目及所处皆是美好，恰似"江畔何人初见月？江月何年初照人？人生代代无穷已，江月年年望相似。"这是对时间的追思，亦是对生活的向往。

　　诗意地生活是一种能力，让懂生活的人在平凡的日子里寻找美好，是在置身琐碎的事务中，拥有能抬头看看天空的意识，想一想远方，做一个白日梦，找到可以营养心灵的暖汤。学会侧耳倾听风声，寻找一下树梢上的鸟鸣，错过列车就是错过了，这也是人生的诗。如冰心之言："即使踏着荆棘，也不觉得痛苦，有泪可落，却不是悲凉。"

　　且让我们温上一壶茶，谈笑风云，软化生活的粗糙，以超然物外的心态看待生活的起起伏伏。哭也好，笑也罢，既然你我皆如此，便不如一起看那破土而出的新笋在风雨中挺拔！

当你内心委屈想要抱怨时，请先反思

每个女人对生活都抱有美好期望，希望人生充满精彩，生活满是灿烂，更希望被需要，被认可，有这样的想法和需求，是人之常情。包括生活中一些不如意的现象，不公平的遭遇，受了委屈产生负面情绪，这些都可以被理解。但是，决不能让抱怨占据我们的思想。

作家毕淑敏曾说："没有什么人承诺和担保你一生下来就享有阳光灿烂的平等。你去看看动物界，就知道平等是多么罕见了。平等是人类智慧的产物，是维持最大多数人安宁的策略。你明白了这件事，就会少很多愤怒，多很多感恩。你已经享受了很多人奋斗的成果，你的回报就是继续努力，而不是抱怨。"

抱怨恰恰论证了一个人在能力上的不足，心灵上的缺失。成熟的女人，面对委屈，会先合上自己的嘴巴，找一个舒适的空间，与内心深处的自己展开直截了当的对话，于静默中反思。

诗词大会赛场上，曾有一位选手评价董卿是："美人当以玉为骨，雪为肤，芙蓉为面，杨柳为姿，以诗词为心……"

又有谁知晓如今光彩照人、满腹诗书香气的董卿曾无数次跌倒，却没有一丝抱怨，而是在一次又一次自我否定和揉碎重塑的过程中成长至此。

一次访谈中，董卿作为被访谈的嘉宾，她说："当遇到整个节目的节奏不理想，而且谈得也不够精彩，觉得好像总有所欠缺，作为主持人那种不在掌控当中的感觉……那天晚上做完节目之后，回到家都已经十二点了，我们家客厅也有这样一个沙发，我没有坐在沙发上，我坐在地毯上。"

采访者疑惑："坐在地毯上？"

董卿继续说："因为我情绪越低落的时候，我就越想往地上做，我不知道这是为什么，累了或者情绪不好，我就坐地上，好像背后有一个沙发就有一种安全感，你可以靠在这个沙发上，觉得仿佛有一个可以依靠的地方。之后我会把刚才做节目的过程，从开始到结尾像过电影似的在我的脑子里过了一遍：我怎么样出场，怎样说你好，跟谁说了什么，我为什么当时没有那么问，那个地方我为什么没有等等。我就在心里把所有的过程又演习一遍，我会想这个地方我要是这么说的话，他会怎样？我要是不这么问，我要换一种方式，我这个地方应该再加这么一句话，那是不是就更好了呢？就这样，我坐了三个小时，坐到早上三点。"

采访者惊叹："你是不是也太用心了？"

董卿说："那个时候夜深人静了，想找个人倾诉都没有，你只能自己梳理。"

德国诗人海因里希·海涅说："反省是一面镜子，它能将我们的错误清清楚楚地照出来，使我们有改正的机会。"

优秀的女人会变得更优秀，更有内涵，一半原因归功于反思。懂得反思的女人，沉稳、内敛、谦逊，明白人格的升华和思想的突破，源于对一件事物的反复推敲。深层次的感悟和心得，皆来自每一次与心灵的对话。反思，不是让我们承认问题，而是找到解决问题，提升人格魅力的阀门。

就像情感专家涂磊所说："人最伟大的力量不是创造，而是自省！如果不能自我反省，不能看到自身的错误和不足，即使有非凡的力量，创造出的一切都只是埋没自己的坟墓！"

在一次访谈中，鲁豫问徐静蕾："别人叫你才女，你是什么感觉？"

徐静蕾说："我根本不关心，因为你爱怎么叫怎么叫，实际上在现实生活当中，这跟我没关系。"

鲁豫又问："你去休息，人家会不会忘了你啊？"

徐静蕾淡淡笑道："人家忘了我，只说明我作品基础不好。"

鲁豫继续问道："会羡慕同期明星们有更好的发展机遇吗？怕被比较吗？"

徐静蕾说："我觉得我没有那么幼稚，每一个人的成功有两个层面，第一层面是天赋，第二层面是努力。如果说我天赋比不上人家，我不能去怪我爸妈去。如果我没有比人家更努力，我只能怪我自己。无非就是我觉得是她天赋比我强，我认了。"

徐静蕾是一位极冷静平和的女子，从她口中很难听到一句对这个社会或人心存有不满的严词厉句，她习惯于自我反思，认为一切的好与坏皆是个人问题，旁的事物不过是把一个人最软弱无力的一面体现出来的器皿罢了。

抱怨会降低人的水准，反思会成就一个人的高尚；逞口舌之快的女人显得心胸狭隘，于安静中看破不说破的女人，才值得人尊敬和钦佩。反思是人生的必修课，习惯反思的女人，心更容易平静，以客观的视角看待问题，抽丝剥茧找到问题的关键，看清一些事实，并快速调整好自己的状态，对症下药，纠正问题的同时亦是自我涵养的提升。反思是催发精神成长的养料，是我们建立强大内心必备的素养。

反思就像复盘，是一次又一次的自我审视。日本著名企业家稻盛和夫在他的《活法》一书中写道："人生就像蹚过一片充满诱惑的地雷阵，当我们穿行其间，多多少少会触及各种'地雷'，这是一件难以避免的事情。每当我们'触雷'时，能够进行怎样的反省才是关键所在。"

因为反思，人生才会少了弯弯绕绕，并有了填补遗憾的机会。喜欢反思的女人身上自有一种谦逊的人生态度，在成长的阵痛中，不张扬不浮躁，每一次华丽转身都是自省后的蜕变。

不疾不徐，按照自己的节奏努力精进

当我们还是小女孩的时候，一朵花一只蚂蚱一个娃娃就是所谓的天下，如今眼里繁花多了，也想像天上盘旋的鹰把一切尽收眼底，更想像那些乘风破浪的人，挥洒自如地过自己想要的生活。法国著名作家西蒙娜·德·波伏娃说："女人不是天生的，而是后天形成的。"于是为了想要的"后天"，为了让人生圆满，让生活达到满意的状态，我们开始学着去精进自己。

人一旦有了想改变的心思，想力求更好，决心就会变得像竹子一样坚韧。但精进是有章法的，有些人为达目的用力过猛，见效果甚微，甚至拔苗助长，就像再经历一次高考，没日没夜地学习、观察、总结。为了尽快让自己迈上新的高阶，忽略陪伴家人的时间，牺牲休息的空当，饭凑合着吃，加班熬夜，为了赶进度一天只睡四五个小时……精进不是急出来的。累坏了吧，这样哪里还有奋斗的样子，明明是在拿命拼！

你咆哮着说："不拿命拼，我什么时候才能熬出头？"

是，大家都在拼，可我们眼中那些与时光同进同出的女人，没有一个是用命来赌明天，她们也曾辛苦，也曾付出常人难以理解的努力，为了达到期望不停修炼精进。"拼"在寻常女人眼里是攻，在心有高度、内有樊篱的女人眼里则是缓，精进不是"我比别人更努力"，世上不缺乏努力的人，缺的是能找到节奏的人。慢看云卷云舒，却依然在成长进步的女人，懂得按照适合自己的节奏，不疾不徐悄悄地进步。

集气质与美貌一身的台湾主持人兼作家吴淡如心中亦有羡慕的人，她记得当初有一位女同学的日语水平很好，但她的方法却出奇的简单，每天只用半个小时练习日语。吴淡如也想试一试，她想要超越那位同学，于是每天用两个小时的时间学习日语。她是这样想的，自己每天学习两个小时，一定会在短时间内赶上并超过她。一开始时，吴淡如确实能做到自律，每天坚持两个小时学习日语。但是没有几天，她坚持不下去了，有时还要兼顾其他的事情，很难维系两个小时的学习。

没过多久，吴淡如发现自己的日语水平虽然小有进步，却实在拿不出手，反而令她烦躁，便就此放弃了。多年之后，那位令吴淡如羡慕的女同学依然让她羡慕，且到了让她望尘莫及的地步，而那位同学依旧坚持每日花半个小时学习日语。

吴淡如说："最重要的路程应该慢慢跑完，而不是刚开始跑得有多快。"不上不下的人一直走在间歇性自虐的路上，站在高处的人一生维持着持续性的精进习惯。

会按照自身节奏精进的女人，虽然感性，但不轻易受感性的牵制，不会因为看了一本名人传记或被身边的人影响，或者听了某个激励人心的演讲，就无法控制地在内心树立一座名为"你一定会成功"的影碑。打了鸡血似的奋进，并不值得被夸耀，自我感动式的猛攻猛打不是在精进，而是在消耗能量，没有节奏感的努力收效甚微，很难在一次又一次的变动中维持下去。

俞敏洪曾说，"生命的意义在于从容，在于从容之中眺望未来，在于从容之中成就人生，宠辱不惊，看天边风起云涌，闲庭信步，赏门前花开花落。"

努力从来不是急功近利。不急不躁，要有缓慢而轻盈的过程，水滴石穿亦需数年之功。那些看似一夜之间登上巅峰的人，靠的是慢慢流年中日积月累，持之以恒，有条不紊地完善和进修。

这世间最美好的事，莫过于人与人之间的不同，这也恰恰让每个人都有着与众不同的进度表。你看，有些人少年成名，有些人中年才起步，而有些人则晚年出世，也有些人走到弥留之际才清楚自己想要的是什么。女人这一世，不是要趁着年轻就一定要拥有什么成果，好好调整自己的步伐，一点一点修理自己的枝枝蔓蔓，不疾不徐，不慌不忙，不紧不慢，才可以不断进步，优雅成长。

作家葛拉威尔在《异类》一书中写道："人们眼中的天才之所以卓越非凡，并非天资超人一等，而是付出了持续不断的努力。只要经过1万小时的锤炼，任何人都能从平凡变成超凡。"每个女人都要走一走那起伏绵延的万水千山，只要不停下来，慢慢前行，找到属于自己的节奏，有序精进，一切才会如期而至。

所以，无论你正在面对什么，在忙什么，在承受什么，或者受了什么感动，遇到了哪些困难或挫折，愿你依旧希望面朝大海，等待春暖花开，那就该休息的时候休息，该吃饭的时候好好吃饭，让作息有规律，保持一切正常有序，然后把努力的计划加进来，按照有把握的进度合理安排，厚积薄发，从容淡定之中，慢慢为自己充电续航。

三毛曾说："学着主宰自己的生活，即便孑然一身，也不算一个太坏的局面。"按照怎样的节奏努力精进，就会有怎样的人生缩影。当然，所谓精进不是超越别人，而是胜过从前的自己，所有的高尚皆是比昨日走得更稳妥，小小的步调款款而来，某天回头望去，身后硕果满满。

不要匆忙，慢下来就有了美感

　　"就只看了你一眼，就已确定了永远，那时候，车马慢，一生只够爱一人……"耳机里响着歌，可路上的每个人行色匆匆，伴随着此起彼伏的汽笛声，擦肩而过的是一张张冷漠的脸。奇怪的是，每个女人又都希望自己是美丽的，希望自己的一颦一笑举手投足协调不失庄重，且希望自己的生活可以伴随着华尔兹悠扬曼妙。但是，浮夸的步子，零乱的额发，僵硬的面容，实在瞧不出美在哪里。

　　很多人说，现如今是个高速发展的时代，跑得快才能赶得上公交挤得上地铁，有速度才能保证效率。作为这个时代的女人，步子不能慢，心不能散，否则会面临各种指责和讽刺以及淘汰，慢反而是一种奢望。

　　于是有人说"女人因美丽而生"，这句话绝对是莫大的讽刺，你随便去大街上拽个姑娘让她慢下来试试，她将面临的糟糕问题是你所承担不起的。但是，急匆匆的人生，可是自己甘心的？在最好的年华，呈现给自己和岁月最浑浊不堪的模样，却笑着说我很满足。那个在夜里躲在墙角偷偷哭泣的人，又何以悲伤？慢下来吧，高跟鞋磨破的皮肤真的很疼很疼。慢不是让一个人放弃所有，懒散地躺着任命运宰割，慢是快中的维度，在快里慢出美感，有美感的人生方不负韶华。

　　被誉为"民国闺秀""最后的才女"的张充和是个清冷幽漫的姑娘，她的三个姐姐早早嫁了人，她却并不着急。尽管被才华横溢的诗人卞之琳疯狂追求，张充和也显得尤为淡定。在卞之琳心中，张充和身上有着岁月静好的美，让他迷醉，写了一封又一封信，只是张充和未有丝毫动摇。所有人都不理解张充和为何那般绝情，她只说不急，因为心灵上的荒凉往往是因为选得太匆忙。而这一等就等到了张充和34岁，在那个时期34岁何止是大龄剩女，简直要被人戳着脊梁骨说风凉话的。身边关心她的人都在催促她，只有她自顾自地享受单身生活。就在张充和34岁那年的9月，她见到了德国汉学家傅汉思，他们二人有着精神上的契合和感情上的适宜，张充和认定傅汉思就是那个能与她共白首的良人，所以她义无反顾地嫁给了他。

　　后来张充和跟丈夫移居美国。在那个风云变幻、天地动荡、所有人都奋进在新事物里的年代，张充和一成不变地在慢中过着令她舒适的生活：每日早起锻炼身体，磨墨练字，作诗填词，唱着她喜爱的曲调。她随性却不滥用，她写诗作词后，便扔在一旁。但她却把正宗的中国文化在美国各大高校进行传播。张充和说："我写字、画画、唱昆曲、作诗、养花种草，都是玩玩，从来不想拿出来给人家展览，给人家看。"而她的那些作品大多数都是她的学生帮忙收集出版，有一部分还是卞之琳悄悄搜集起来付梓的。

张充和喜欢慢慢地活着，所以她一生低调、淡然，像那空谷幽兰，世间繁华与她有关，却也无关。2015 年 6 月，张充和在睡梦中跟这个世界告别，她走得很安详，始终保持着优雅与淡然，就像她的那首诗"十分冷淡存知己，一曲微茫度此生。"

电影《功夫熊猫》里乌龟大师说："你的思想就如同水，我的朋友，当水波摇曳的时候，你很难看清楚。不过，当它平静下来，答案就清澈见底了。"纵然急切，也请稳住心神，慢下来时，即便匆匆亦能将纷扰澄清，物是美的，己身亦是美的。

也唯有慢，才能让生活充满仪式感，让生活不那么冷血枯燥。记得电影《小王子》里小狐狸对小王子说："如果你说你在下午四点来，从三点钟开始，我就开始感觉很快乐，时间越临近，我就越来越感到快乐。到了四点钟的时候，我就会坐立不安，我发现了幸福的价值，但是如果你随便什么时候来，我就不知道在什么时候准备好迎接你的心情了。"仪式感是"我准备好了"，我呈现的是我最佳的姿态，这让我很舒心、踏实且快乐。

青年作家李思圆在《生活需要仪式感》里写道：为每一个普通的日子、行为赋予仪式感，你就能真切地感受到，自己是在享受生活，而不仅仅麻木地活着。

让心慢下来，脚步慢下来，生活慢下来。因为慢，才能闻到茉莉花的清香，因为慢才能准备一桌子美味佳肴，因为慢才有仪式感，有从容美感。

在一档综艺节目的游戏环节中，郭晶晶和霍启刚不小心落后，这让做惯了精英不甘落后的霍启刚很焦急，郭晶晶反而显得很平静，并且一直安慰着丈夫别着急，慢慢来。这股自然流露的甜蜜，真的是羡煞旁人。但更令人敬佩的是郭晶晶那颗一如往昔淡定平静的心。

　　想要慢下来，就要维持心中的平静，不受干扰，不因为路上行人的脚步成为催促自己的铃声，不让繁重的工作成为熬夜加班的借口。静下来，就会慢下来，慢是一种优雅的回归。因为慢了，女人"巧笑倩兮，美目盼兮"有之，骨感和自信有之，强韧和轻柔亦有之。当大家都快的时候，你的慢中有度就是刺破乌云的骄阳，强烈而又有美感。

感觉到焦虑，那是大脑想要休息的信号

有思想就会有焦虑，这是一种常见的生命现象，而焦虑会消耗掉大量的时间和精力，影响我们的生活和工作，让我们变得消极，看什么都充满了敌意和讽刺。面对焦虑，大多数人习惯抱着坚持到底的想法硬扛，以为这是体现自身战斗力的时刻。事实上，当我们感到焦虑时，是大脑在向我们传递一个信息：该休息了。

所谓"休息"并不一定是彻底放松，睡一觉就可以的，而是从那件让自己感觉到焦虑的事情中把自己抽离出来，彻底将它从大脑中剔除出去，让大脑对那件破事处于关灯状态。

著名节目主持人李湘在离开湖南卫视后，开了一家餐厅，还投资了一家经纪公司，事业进展得有声有色。可李湘转战其他行业初期就受到了很多人的抨击，他们认为李湘是在借助自己过去的名气去"圈钱"，在用名人效应借着当初自己主持的节目和电视台做活招牌。

所以，每当李湘发微博宣传自己的公司和产品时，评论区都是一片指责和叫骂声。看到那样不堪入目的言论，李湘感到难受和焦虑不安，没有一日好心情，甚至曾想就此关闭微博评论。可是，当看到自己的餐厅生意越来越好，公司进展越来越顺利的时候，她突然释怀，并可笑自己居然会因为那些无关紧要的言论让自己陷入焦虑中。

李湘说："既然不管我怎么做他们都会骂我，那我为什么不让自己活得开心一点呢？我安心做自己的事情，又快乐又有钱，不比对着手机抹眼泪好太多了吗？"

想明白后，李湘开始提醒自己别再去关注那些言论，把时间和精力都用在工作上，她相信等自己做出了成绩后，那些奇奇怪怪的言论自然会慢慢消失。

作家采铜在《精进》一书中说道："当你的生活堆积了各种事情，不知该如何取舍时，不如就事先预想一下每件事的结果。如果这件事做到最后对自己是有益处的，那你就做。如果没有，那就赶紧断了，免得以后后悔。"

有些你认为很重要的事情，想透彻后，会发现原来是自己想太多了，忧虑太多通常是一个女人陷入焦虑的主要原因，消耗元气去关注那些不痛不痒的事情，除了换来一身疲惫，什么也得不到。所以，别被负面情绪绑架，忘记那件糟糕的事，哪怕是暂时把痛苦的根源抹去，也要慢慢远离，生活才会变得越来越轻松。

有时，我们也会因为自己不够强大，无法兼顾事业和家庭，或者不能像其他人那样处理任何事情时都游刃有余而难过，认为自己干啥啥不行。亲爱的，你已陷入自己编织的牢笼中，让焦虑成为主导你思想和情绪的主人，你需要让自己的大脑转场了。

　　杨澜说："焦虑和怀疑是年轻的功课，我在 20 多岁的时候也有很多焦虑和不自信。因为你刚刚走出校门，你渴望得到世界的认同，但是你发现机会都被别人拿走了，或者你对自己的能力感到不是那么的笃定的时候，你就会产生这种负面的情绪。我的感觉是有负面的情绪没有什么了不起，反而要去面对它，拥抱它，还有就是去找到自己真正的长板。有一位心理学家跟我说过，人生的幸福和成功不在于你把自己的短板都补齐了，而是在于你把自己的长处发挥到极致。所以我觉得在年轻的时候，如果你遇到了很多烦恼和不开心的事情，就去想想你最跟别人不一样的，你做得最棒的，你有希望做得更棒的是什么，然后努力地去把它发扬光大。"

　　眼睛不能总盯着裙子上的一点污迹，那会让你错过更美丽的自己。把注意力放在一些必然存在的事情上，只会白白浪费精力，消磨自己的意志。要学会改变自己的想法，扬长避短恰是给大脑松松绑，不再让它像个肿胀的胖子，什么都想一口吞下去，那样太沉重了。

　　生活的齿轮总是碾压着我们前行，在并不平整的道路上埋下很多包袱，我们习惯捡起一个又一个包袱，但拿得太多，只会压得更重。别伴着焦虑一起前行，它有时虽然温和，但潜藏的能量一旦爆发，随时会把人的信念崩碎，把我们拉入低潮，陷入无止境与自己撕扯的黑暗中。

　　有人曾问毕淑敏，面对人生中的低潮期，你是怎么度过的？

　　毕淑敏说："安静地等待，好好睡觉，锻炼身体，无论何时，好的体魄都用得着；和知心的朋友谈天，基本上不发牢骚，主要是回忆快乐的时光；多读书，看一些传记，增长知识，顺带还可瞧瞧别人倒霉的时候是怎么挺过去的；趁机做家务，把平时忙碌顾不上的活儿都干完。"

当焦虑达到令人筋疲力尽的程度时，那不如彻底停下来好好生活，放空大脑，去做一些不用思考的事情，或者找一件足可以让自己全身心投入的简单的事情去做，这样会让自己变得轻松很多。如果特别烦躁，那就什么也别做，去个能让自己很舒服或很安静的地方，例如郊外或者咖啡馆，静心冥想或听听自己喜爱的音乐。

女人多脆弱善感，这很容易给焦虑钻了空子，倘若不小心有了焦虑感，那是大脑在提醒我们：抬头看看天空吧，夕阳、白云或者星空，美丽的事物从来都是存在的。

别和自己过不去，因为一切都会过去

原以为放不下的人，多少年后，连模样都记不清了；原以为忘不掉的事，如今回想起来，竟有些不值一提。就如当初朋友们劝说的："真的没有你想象得那么严重，迈过去就行了，别和自己过不去。"那时总以为别人无法感同身受，说得太轻巧，可一切真的就淡淡地碎化在了过去。

世间诸般苦，唯有心中的苦最难以疏解，让我们痛苦的根源也多源于此。旁人无法理解，更觉得小题大做。也许他们的轻慢让我们不舒服，但有一点是对的，我们在和自己过不去，把自己关进了一个狭小的世界里自怨自艾。我们不清楚该怎么释怀，虽然尝试着找个突破口、借口或者理由规劝自己，可劝着劝着又绕了回去。其实亲爱的，有些事就是一团麻，理不清的。

每个人心中都有解不开的麻，那些曾暴露在公众视野里的狼狈不堪、遭受万千网民嘲笑与讽刺的人，时过境迁后，依然笑得洒脱。除了内心强大，他们也很清楚，所有的麻烦和苦恼会随着时间的长河慢慢消散，别和自己过不去，因为一切都会随风飘散了，这是一种很公平的自然规则，不需要释放不需要刻意忘记，慢慢地就不见了。

　　白落梅在她的著作中写道："我来这世间，是为了修身，看陌上花开，几多荣华富贵。看碧水长天，一片空阔清明。看闾巷风日，觉闲静安定。看耕夫织女，觉祥和安稳。可知我走了多少的路，经受了多少的苦，才有今时对生命的认识与珍重。但我仍是梅花姿态，岁寒之心，一生需历无数风霜，不可有怨，亦不能有悲。"

　　既然一切都会过去，又何苦对自己苦苦相逼。我们来到这尘世，必然会经历一些劫难，总有些不期而遇的苦恼会在心底扎根，与之纠缠亦是一种因缘，让它躺在那里便是，不想、不念、不思、不怨，但凡境界高的女人，心中自有繁花似锦，那些沟沟坎坎权当作养花的肥料，不过是让人生多了一抹风景。

　　有个叫阿娟的女人，她已有家庭和孩子，在一家大超市做收银员。一次十年相约的同学聚会，让她回家后彻底崩溃。她见到了许多久违的老同学，男生一个个西装革履，女生一个个风韵犹存，有事业有身段有名气，她反而像个老妈子般一身的土气俗物，这让她心生自卑，又无可奈何，整个聚会中与她攀谈套近乎的同学很少，这让她越发觉得自己很可笑。有个曾经关系不错的同学问她现在哪里高就，不少目光跟着投过来，她只能实话实说自己是个收银员，空气一滞，瞬间令她羞红了脸。从那以后，她再未参加过同学聚会，与所有人断了联系。后来有同学联系上了阿娟，阿娟却吼了一句"你们不就想拿我取乐看我笑话吗？"事后，阿娟自责不已，感觉那样说只会显得自己格局小，让她更加痛苦，越发不敢面对同学了。

　　也许你有时会因为不如意的遭遇而自惭形秽，觉得自己一无是处，但其实你远比你想象的更幸福。你的身边有人爱你，有人疼你，你的生活不疾不徐，平凡中有着简单的快乐，虽不是轰轰烈烈，却难得平静顺遂，有多少人奔波劳碌一生最终才发现自己梦寐以求的不过就是这般平凡踏实的生活？你亦是被人羡慕的呀！

　　人生千姿百态，因不同而各有各的精彩，世上没有不食人间烟火的女子，再脱俗的女人也逃不过柴米油盐。人与人不存在可比性，谁又能说谁比谁幸福快乐呢？但凡和自己过不去的人，活在天堂亦是地狱。生性洒脱不羁的女人，纵然平凡亦觉得幸福，风再大心中仍无浪。所谓世事不过尔尔，你我皆平等，一切存在与否，全看自己是否放过了自己。

你好，孤独！给自己留一点静好时光

世人皆怕孤独与寂寞，却不知孤独的美，寂寞的雅。如张爱玲，她从民国烟雨中走来，在风起云涌的上海，几度沉浮，可最终她选择的是离群索居，于静默的岁月中孤芳自赏，她的每一个成就，皆于岁月静好中开出绚烂的花儿来，孤独是她生平最美的涟漪。

忙碌奔波只是人生中的一种生活诠释，岁月匆匆不能只为劳碌而来。激情、灯光闪烁、奔跑、成就，值得每一个人为之付出努力，但孤独亦是昂贵的。

爱默生说："如果不让心灵成为自己的先知，不让它经过一个孤独的检验的自我恢复的过程，便让它接受别的心灵找到的真理，那么，无论那真理多么光辉，它也会造成致命的伤害。"

回归后，董卿在《面对面》人物专访中说："在国外我失去了最大优势，就是表达。有思想，有感情，要比其他学生成熟，但却没有他们表达得好，觉得失去了对生活的把控。""无数个晚上，一个人坐在书房发呆，生活被各种各样原来以为不重要的事情填满了，不知何时再次走向舞台……"

　　董卿说这次远走他乡，是一段极为孤独的时光，内心是空的，有时回到自己的房间，会忍不住坐在地板上偷偷地哭，那时迷茫无助的感觉太深刻了，曾让她开始怀疑自己当初的选择是不是错了。但是，当她度过了那段最孤独的时光，当她以制片人的身份再次站在舞台上，看到观众对她的高度认可，很多人都因为她主持的《朗读者》节目，被唤醒阅读之心，点燃了全民阅读的热情。董卿踏实了，她反而开始感谢那段平静又孤独的岁月，正是那段时光充实了自己，思索出人生的脉搏，让她实现了再一次地华丽转身。

　　《独处的艺术》一书中写道：他们没有在与孤独的对抗中失去目标，而是通过一种强大的想要改变自己的勇气以及行动的力量在孤独中成功突破，并最终锻炼了自己的意志，突破了自己的极限，赢得了面对纷繁复杂的人生舞台的心灵资本。

　　人生有时就是这般颠覆，当初所想规避的孤独，到头来却成为一种奢望。以一段平静岁月换一场懂得，虽然讽刺，却弥足珍贵。

有一位年过六旬的老人家说："回头看我的前半生，曾因为害怕一个人走在街上不出门，为了认识更多的朋友参加各种聚会。喧嚣、嘈杂，追逐霓虹灯的光，我一度认为这是人生的精彩与标志，孤独反而是魔鬼，会腐蚀所有的快乐。曾经，我一个人置身洪流时，脚步额外匆忙，会觉得总有人在嘲笑我落单的身影，嘲笑我形单影只的落魄感。单手握住列车的栏杆，周围成群结伴的人有说有笑，独独自己尴尬又凄凉，想着赶紧逃，于是脚步又加快了。如今回顾过往，原来是我错了，原来我讨厌的是孤单，却并非孤独……"

所谓孤独，是心中有一片净土，不受外界侵扰，累的时候，可以在那里洗涤疲惫；忙的时候，能躲进去暂歇片刻，那是一个对外界一切美好敞开的窗，只吸收静好的时光。

学会跟孤独握手道好，它会把我们送进一个奇妙的世界，在那里没有嗒嗒的高跟鞋的敲击地面声；没有公交车的开门声；没有催促的电话铃声；更没有生活琐碎碰撞的嘈杂声。安静是打开心灵世界的钥匙，让我们褪去所有伪装，脱下好强的衣裳，停止匆忙，安安静静聆听心底的独白。岁月难得静好，灵魂与肉体在这难得的时间里交汇，净化心灵的糟粕。孤独让我们静下来思考生命的真谛、人情冷暖、事故情怀，理顺杂乱的脉络，透彻生活之路。

在历史洪流中脱颖而出的每一位才女佳人，无不是孤独的行者，亦如张爱玲，命中羁绊皆是过客，她终究一生孤独却独爱孤独，于沉寂的汪洋中创造出一部又一部经典力作。她一个人躺在清冷的地板上七天七夜，光穿透旧窗温和地倾泻在安详的脸上，她安逸又平静地离开尘世，归于大海，静静飘零。

　　岁月若有静好时，苦乐烦闷也不过人生的调味剂。一个女人最好的状态是：出门在外我可以穿着高跟鞋俯瞰整个世界，追逐、奔跑都不在话下；回到家里我会安静地享受静谧时光带给我的洗礼，换上软绵的拖鞋，安详地陷进沙发里，抛去一切烦恼和忧愁，只做孤独的样子，这样即便在厨房里，我亦是心安理得的。

　　每天给自己一点静好时光，闲暇之余邂逅的每一缕阳光、每一朵花、每一杯茶都是一首难得的好诗。生活不能总是匆忙，平静里的梦，是为了证明这个季节我们来过。在折腾的年纪，需要一本唯美轻柔的书打理时光，在孤独的时刻钻进内心深处修篱种菊，亦是自得其乐。

　　世界温不温柔，总要与之相处，这是生活的真相，但孤独是在宽慰我们，即便世态炎凉，我们仍有一片土地可温存成长，守着花开花落。隐世才女白落梅如是说："一剪闲云一溪月，一程山水一年华。一世浮生一刹那，一树菩提一烟霞。"余生很短，天涯遥远，匆匆一生，碌碌一阵，最终每个女人所渴望的却是"岁月静好，现世安稳"。

第
四
章

关系管理:

不必合群，相处自在最重要

女人的幸福指数依赖于自己处理人际关系的
能力。不强求，不讨好，不越界，不和低层次的
人纠缠，才是女人最好的姿态。余生很贵，聪明
的女人只和让自己舒服的人在一起。

圈子不同，何必强融

　　放眼望去，街上女人三五成群，她们喜欢成群结队地逛街游玩，但凡去个地方，总要捎带上一两个好友。有些人总以为朋友越多越好，在任何圈子里都吃得开，才体现出自己的交际能力。于是，扩大自己的交际圈，结交新朋友，在当下反而是一种时尚。

　　可是问题也悄悄浮现，我们发现有些圈子是怎么努力也融不进去，站在那里只显得自己格格不入，聊着聊着便被拱到了边缘，尴尬又多余。在交际的过程中，我们又发现三观不同、认知不同，生活习惯以及爱好没有一样投机，话匣子打不开，便聊不出什么亲密感。反而有一种"别人笑我太疯癫，我笑他人看不穿"的违和感。

　　善于交际的女人不会随随便便进入一个群体，强融的感情别扭又容易断裂，聪明的女人懂得随心，而非随欲。

　　电视剧《三十而已》播出后热度不断，三位 30 岁的女主角各有各的心酸故事，其中顾佳的人物情节链条中融入富人圈子的故事既现实又讽刺。

　　剧中顾佳为了让儿子进入国际幼儿园，想方设法地结识了能给幼儿园写推荐信的业委会会长王太太。因为一次停电事故，顾佳特意把自己的拖鞋借给王太太，提着王太太的鞋子扶着她下楼，她的儿子方顺利进入了那所学校。同时，在跟王太太的交际中，顾佳首次进入富太太们的交际圈，去参加她们的聚会。

为了能够融入富太太圈子，顾佳特意挎着自己最昂贵的香奈儿包包，可阔太太们却是清一色的爱马仕。顾佳习惯性地把包包放在身后，却被旁边的富太太暗讽："一张椅子就这么点大小，你还要把包包放在后面，这样坐着挤不挤啊？"

顾佳这时发现，富太太们把昂贵到令她望尘莫及的包包都随手放在了地上。聚会结束后，太太们要合影，大家都将包包放在身前，顾佳尴尬地把包悄悄放在身后。后来，顾佳在朋友圈中刷到了那张照片，令人羞愤的是合照里的她被刻意裁掉了。

"圈子就是人脉，人脉就是资源"，顾佳深以为然。为了老公的生意，也为了能够融入富人太太的圈子，顾佳拼凑信用卡额度咬牙买了一款更昂贵的爱马仕。当然，这次顾佳留在了照片里。

为了和阔太太们拉近关系，顾佳开了一家甜品店来笼络人心。她也以为自己已然是她们中的一员。可现实却生硬地给了顾佳一棒槌。圈子里的李太太把一家濒临破产的茶厂卖给了顾佳，顾佳总以为自己已深得太太们真心相待，没有考察便签了 300 万元合同，结果她面临的是巨额亏损。李太太一直催促她把剩下的 100 多万尾款打过去，顾佳方反应过来上当了，当她不甘心找上门，富太太们却一个个眉高眼低地打量着她，更不客气地当面嘲讽道："什么阿猫阿狗都可以进我们太太圈。"顾佳一心一意想融入的圈子，原来自始至终都未曾融入进去，一切不过是自欺欺人罢了。

顾佳将一罐茶叶放在桌子上，说道："别看小小的一片茶叶不起眼，也得经过千锤百炼，更何况是人呢？要是走歪了一步，那就不是个东西了。"顾佳本就不是吃哑巴亏的主："我愿意为我的错误买单，我付我的代价，各位也会付出自己的代价。"顾佳的三观简直甩太太团十条街，她潇洒地丢下了一句："我叫顾佳，后会无期！"

张爱玲在《雨伞下》写道："下大雨，有人打着伞，有人没带伞。没伞的挨着有伞的，钻到伞底下去躲雨，多少有点掩蔽，可是伞的边缘滔滔流下水来，反而比外面的雨更来得凶，挤在伞沿下的人，头上淋得稀湿。"强融进一个本不适合自己的圈子，除了在边缘地带游走，就只会显得越来越尴尬。

每个女人都是一朵独一无二的花，散发着独有的幽香，别强求自己融入其他花海，与其投入感情与不适合自己的圈子纠缠，扰乱自身的气韵，还不如一个人痛快。

法国社会心理学家古斯塔夫·勒庞在《乌合之众：大众心理研究》一书中写道：人一到群体中，智商就严重降低，为了获得认同，个体愿意抛弃是非，用智商去换取那份让人倍感安全的归属感。

选择圈子，要警惕"近朱者赤，近墨者黑"，宁可独来独往，也宁缺毋滥。选择最适合自己的圈子，会让我们觉得相处起来很舒服，大家有相同的爱好，就有话题可谈；有共同语言，交流起来毫不费力；思想与精神层面都在同一个高度，谈论的内容才有质感；三观相近，才能心领神会，轻松愉悦。适合自己的圈子，亦是精神的枢纽，大家在一起有说有笑、彼此信任、互帮互助、互相勉励，不需要刻意做什么，心就是踏实的。

　　远远看去便与我们的生活圈、朋友圈截然不同的圈子，再花团锦簇，再莺歌笑语，也不适合我们，果断远离，不必羡慕。良好的生活方式，是和一群三观切合、志同道合的人追逐时光撒下的每一片斑驳，回头是一路风采，向前是一路同行。

相处不累，才是最自在的关系

　　人与人之间的关系实属微妙，若即若离又互相牵绊，有时狂喜，有时生厌。我们一生当中会遇到各种性情的人，有的不过一面之缘，有的偶有遇见，有的时常联系，有的终身相伴。在与日月星辰轮换之际，你会发现，有些关系只会令人头疼、烦躁、不爽，实在没有相处下去的必要，倒不如干脆舍了，各自安好。人与人之间的相处，既是一门学问又是一门艺术，舒服自在的关系模式，是相处不累。

　　在上海某个活动现场，董卿和观众们等待萧蔷出场，但是等了很久，依然不见她的踪影。等待一个人是漫长而枯燥的，20分钟后，已有观众显得不耐烦。这时董卿半开玩笑说道："她怎么还不来？到底是不是住这个酒店？还是在来的路上？"又等了很长一段时间，萧蔷仍未到场，下面的观众开始鼓噪董卿，让她唱一首歌解解闷。董卿淡淡笑道："不行的，主持人是说的比唱的好听。如果今天我唱了，明天各大报纸会说董卿说不好，只能现场卖唱了。那这样，我给大家出一道脑筋急转弯，答对了我就唱。"

　　董卿笑着说了个脑筋急转弯："林黛玉是怎么死的？"

　　几个人异口同声说道："摔死的。"

　　事已至此，董卿只好唱了一首歌，歌声优美清雅，观众听了纷纷鼓掌。随后萧蔷来到节目现场，董卿对于唱歌这件事，调侃说，是萧蔷给了她一展歌喉的机会，萧蔷于董卿心有感激。

　　有人说，交友当如品酒，知心莫过董卿。一生若能有如董卿一般的女子为好友，当足矣。

　　跟某个人相处时只感觉舒心不觉得疲惫，当是精神上的一种共勉：彼此熟悉，却互不打扰；彼此知心，却恰到好处嘘寒问暖；我知你有难，出手相助不问缘由；说的人可随意，听的人可随心；没有钩心斗角，不相互试探；无攀比，无妒忌……最自在的关系当是可以很久不联系，各自忙碌各自的生活，当相聚之时，透过时光剪影，亦有说不完的话，吐不完的槽，该吃吃，该喝喝，该玩玩，自然而然。

　　我们都有过类似的体验，同自觉舒服的人聊天时，总觉得兴致盎然，意犹未尽，尽管生活中烦恼不断，似乎已被置于九霄云外，脑海中有一种无法言喻的信任感，聊天内容多半丰富有趣，当聊天接近尾声，但想说的话还有很多，只是彼此不耽搁，约着下次再聊。

　　也有一些朋友，与之聊天就是一种煎熬。他们只知抱怨，从生活到工作，从亲情到婚姻，从谈论孩子教育到世事无常，总在说着一些消极又听上去无趣的事情。我们尝试劝解和引导，却插不上一言半语，即便劝了，对方恨恨说一句"说什么都没用，就那样。"我们颇感无力又烦躁，但对方一如既往地吐苦水，仿佛我们就是她倾吐的器皿，这样的朋友真的令人精神疲惫。

　　谁都有选择朋友的权利，若觉得相处困难，劳心劳力却不能使之改变，疏离便好。同舒服的人在一起，即使默默不语也感觉舒心惬意。人与人之间建立关系，朋友之间应是随意坦然，而非添堵；同事之间是彼此合作，而非相互算计；爱人之间是心与心的交流，不是我看透你的本质，彼此要挟着搭伙过日子。

在《欢乐颂》里，安迪之所以最终放弃了奇点，选择和小包总在一起，只因为安迪每一次和奇点约会，整个精神状态都是紧绷的，总觉得呼吸都带着灼热与压抑。但是她和小包总在一起的时候，她会放下所有防备，有一种超乎寻常的轻松感，即便不用说什么，小包总亦懂得，在他面前，安迪不用伪装，不用端着，可以随心所欲地做自己。

凡是遇到相处不累的人，遇到真正喜欢的人，你不会感到紧张和窘迫，想说什么就说什么，不用思前想后，不担心是否会出丑，轻松又没有猜忌，莫名地信任对方。只是愿意和他待在一起，这就是遇到了真正喜欢的人，安然相处，各自舒心。

倘若"我本将心向明月，奈何明月照沟渠"，就悄悄离开，一方妥协或迁就，终究耐不住磨合，与其不欢而散，不如趁着情谊未深，默默散场。别觉得可惜，人际关系这种词冷漠又高傲，你的付出在旁人眼里也许是廉价的可笑的，陷于疲惫苦苦维持的关系，比玻璃还脆弱，不要也罢。

生活中的烦恼本就多如牛毛，如果连交个朋友都觉得累，岂不是自寻烦恼。于女人而言，疲态会慢慢爬上眼角和额头，为了所谓的维持关系，便不顾及身体和时间，不顾及个人感受，与难相处的人周旋，是要辜负青春的。

　　你花一般的容貌，金子一般的岁月，理当跟轻松自在的人相处。拒绝那些让我们感觉不舒服的人，朋友不需要太多，有一两个知心的就够了。人生匆匆数十载，过客不强留，总会有人在适当的时候出现在你生命里，花间一壶茶，推杯换盏之间，你知我知，便已是浅浅华年。

保持距离，享受"彼此独立"的状态

"我和我身边的人该怎么相处？"这是个老生常谈的话题，却依旧是个难题。我们用一生与"情谊"二字周旋，与闯进生命里的每一个人握手致意，却总有不尽如人意的时候。有时会陷入对错论里去声讨，到头来越发显得自己浅薄无知。究竟该怎么跟他们相处？

其实与人相处，虽难亦易，难的是我们没有意识到与人相处同样是门学问；易的是好的相处之道只需要两个词：保持距离、彼此独立。

所有的关系，不是几次推心置腹就可以忽略彼此之间应该保持的距离。寒冬腊月紧紧相依相偎的刺猬，抱得越紧，越容易刺伤彼此，适当调整姿态，有时维持住一根刺的距离，既能相互取暖，又能彼此安慰。

据一位朋友回忆："我曾经有个姐妹，一开始也只是点头之交，不过后来熟悉了，就经常在一起聊天。慢慢地，我们俩开始互诉衷肠，说着生活的苦与乐，就连一些往事，甚至自己的隐私都可以向对方敞开了说。我感觉我们两个当时就是精神伙伴，彼此支撑着互相慰藉。我难过的时候找她诉诉苦，她不痛快的时候找我唠叨，开心的不开心的什么都说，几乎每天都腻在一起聊。可不知道为什么，越到后来话反而越少，莫名地开始觉得尴尬，我总感觉我在她眼里是个怨妇，是个俗气又毫无素养的人，于是我尽量不再联系她，久而久之就疏远了。"

当一个人心有郁气之时，总想找个排解的方法，而找朋友倾诉，是排忧解闷最有效亦最快速的办法。但是，话需点到为止，别说得太多。让别人把自己剖析透了，等于是把自己赤裸裸地摆在她面前，终会有羞愧难当的一日。

毕淑敏如是说："很多关系不必靠的太近，每天接触那么多人，不是每个人都要成为朋友的，很多人就是蜻蜓点水，君子之交淡如水，不必交换隐私也不必加微信，大部分的恩怨爱恨都是因为离得太近，近之则不逊，原本客客气气的关系，开始变得阴阳怪气，彼此都不舒服。有距离，才会有尊重。"

生活中，对亲人之间的距离是尊重；对爱人之间的距离是养护；对朋友之间的距离是维护。有一句老掉牙的俗语："距离产生美"，适当的距离是一切感情的保鲜剂。当然，除了保持好距离，也要学会享受彼此独立的状态。

有个女孩说："我实在无法苟同朋友的很多看法，有时忍不住想要改变对方的一些想法，希望她能与时俱进些，别总是不思进取的，可说多了她反而不高兴，真是朽木不可雕也，为她好，还被嫌弃，真是醉了。"

人与人之间的关系亲密不代表可以互怼扎心之言，做揭疤之事。

路人不小心碰了我们一下，我们自然可以一笑了之，但好友说了我们一句，有可能介怀一生。情感的纽带往往看似坚韧，实际上脆弱如易碎的玻璃。有些我们自认为的好言相劝，在对方听来也许比较刺耳。

著名社会学家李银河女士曾在她的著作中提到：朋友之道，应彼此独立，互相尊重，互相喜欢，不求一致，方相处愉快。

保持好适当的距离，亦需要认同彼此独立的状态。她喜欢百合，你偏要她选你钟爱的玫瑰，很多感情的裂痕都是从一条细小又微不可查的分歧上开始的。慢慢地，曾经的两个人有多依赖彼此，将来就有多排斥疏远彼此。

不能因为感情好，就让淡水里的鱼儿游进海水里，或者让海水里的鱼儿屈于湖中。你和我也许情意浓厚，但不代表拥有一模一样的想法。你想赖在家里睡觉，他想出门看世界；你想单身自在，她想结婚安稳；你喜欢休闲大 T，她喜欢时装短裙……彼此喜欢彼此的就好，只是选择不同而已，没有对错之分，别强求对方依附自己，或让自己去认可对方。

人与人之间最忌讳的是一直站在自己的立场看待对方的问题，有时建议更像一把刀子戳进对方的伤口里。这世界上不存在真正的"我懂你"，有的只是我尊重你罢了。每个人的选择都有自己的理由，你认可或不认可，都别轻易否定朋友。

蒋方舟和李诞两人所涉足的领域看上去互不搭边，但是两个人却是无话不谈的好朋友，他们并非同学，不过是都曾置身文学领域，并曾约定互不干扰，各自写作。不料，李诞却中途退出，进入了脱口秀的圈子。后来李诞送了本书给蒋方舟，扉页上写着：你加油，我不了。只六个字，李诞潇洒告别文学路。蒋方舟为此还调侃说："本来说好一起做恒星，各自写作，你却变成了谐星。"

虽然两个人终究走上了不同的路，但是至今他们依然是很好的朋友。

每一个人都属于独立的个体，有独立的思想和独到的认知，包括不同的人生观、世界观、价值观，以及情感观。请维护好彼此之间的距离，理解自己与对方认知与见解上的不同，因为再好的感情也承受不住一方过多地参与和指手画脚。你喜欢的东西，你喜欢便好，别央求别人也喜欢。拿不定主意，不能强求对方给予意见，只会让彼此为难。你的认知即使深邃，也不要作为真理去说服别人。给彼此留有独立的空间，我是我，你随意，彼此之间没有胁迫感，相互尊重，相处起来才更融洽舒服。

告别无效社交，你不必把太多人请进生命

龙应台在《亲爱的安德烈》一书中写道："人生其实像一条从宽阔的平原走进森林的路。在平原上同伴可以结伙而行，欢乐地前推后挤、相濡以沫；一旦进入森林，草丛和荆棘挡路，情形就变了，各人专心走各人的路，寻找各人的方向，那推推挤挤同唱同乐的群体情感，那无忧无虑无猜忌的同侪深情，在人的一生之中也只有少年期有。"

职场或生活中，我们每天要应对的事情很多也很杂，如果无法学会减法生活，做不到该舍的舍，该断的断，该离的离，精神包袱只会越来越重，因为应对人际关系而精疲力竭。

朋友圈要你点赞，你点不点？喊你拼单，你拼不拼？有人加你入群，你入不入？真诚在这里当真极为可笑，社交更是变得有数量没质量，说真的，你也累，他也累。

生活中，人们有时难免有苦难言，一个对所有人都太过热心肠的女人，必然会成为他人的苦水收纳场，天天找你说心事诉衷肠，你若不听，是不尊重对方，可听着却全是负能量。一个喜欢

把各种人都拉入自己生活中的女人，大概最大的骄傲就是不出门便晓得天下事了，有钱的在你面前炫耀，没钱的想精神上压你一把，爱拿捏人的会处处捏你软肋……无效社交在很大程度上反而是没事找罪受。

何娟第一次来到一个陌生的城市，显得很羞涩。她一看便是刚踏入社会不久，言行举止特别拘谨。后来她在一家手机旗舰店做销售员。在这个陌生又繁华的城市里，何娟感到很孤单，她需要几个朋友。于是，她变着花样的给同事们买各种零食小吃。

某一日清晨，何娟来得太早，店里未开门，她便去隔壁的小超市闲逛。突然耳朵里传来两个同事的对话声。同事悠悠说："别买了，有人买。"另一个叫冯佳的说："得了吧，她买的东西不合我口味。"悠悠说："白吃还不乐意？"冯佳说："差不多行了，她也挺难的。"悠悠道："有人白送，不要才傻。"两位同事的说话声渐行渐远，何娟咬咬嘴唇，眼泪止不住地流。从那以后，她本本分分做好工作，不再有意和大家套近乎。不过她偶尔会和冯佳讨论下工作经验，而冯佳对她的态度一直都很亲和友好，两人渐渐地拉近了距离。

《请停止无效社交》这本书中，作者指出："你忙于交际、疲于应付，鸡同鸭讲的尴尬无处不在。你为了别人的欢笑而奔波，又为了别人的肯定而牺牲自我，你的人生仿佛都不是你的。其实，你根本不是在社交，而是无谓地蹉跎光阴。"

出门在外，我们确实需要朋友。但是在成年人的世界里，朋友不在量多而在质优。所以，无论我们身处怎样的环境中，不是出现在身边的每个人都要结交一场。或者说，我们应该学会有选择的去结交朋友。

女人要学会净化自己的社交圈子，想追求更高层次的人生境界，就必须果断告别无效社交，这跟冷不冷漠没有关系，与其长期跟一些对自身毫无价值的人事周旋，不如与三观一致的人结交。

情感专家涂磊曾说："选择什么样的圈子，便选择了什么样的生活。周围都是和谐幸福，你自然也家和人旺。周围遍是离婚瞎搞，你自然也蠢蠢欲动。选择朋友是人生的第一步，虽然物以类聚，却未必要随波逐流。"

每个女人都该对自己有个清晰的定位，这世上有个不谋而合的定律：是什么样的人，就会吸引什么样的朋友。爱八卦的人，周围必然围着一群叽叽喳喳喜欢说三道四的人；有能力或有某种技能的人，身边也一定会有志同道合的朋友。这就需要女人去凸显自己的价值，退出无效社交，沉浸于自己的事情中。一个回归本身的女人，首先不会执着于无意义的社交，进而会过滤自己的人际关系，喜欢你的人会自动靠过来，泛泛之交的自然会飘去他处。

哲学家安·兰德亦曾在一篇文章中说："一个缺乏和不善于凸现自我价值的人，在社交中是非常失败的，就算他无比努力，甚至变成这个世界上最努力的人，他仍然有可能成为一个不为朋友和圈子所接受的人。相反，一个不怎么合群的人，如果他能够散发出自我价值，哪怕他有着全世界最严苛的交友标准，生活中他也不缺乏重量级的朋友。"

"猛兽向来独来独往，只有牛羊才会成群结队。"每一个优秀成功的女人，讲求原则，交友谨慎，她们并不觉得在任何群体里吃得开是值得骄傲的事。相反，她们不急于交友，或者只结交少数与自己志趣相投又三观很正的朋友。因为"你若盛开，蝴蝶自来"。

　　点头之缘，泛泛之交，见面之时点头示意就够了，别太热情，那样彼此都尴尬。朋友圈里叫不上名字，或者不联系的，该删除就删除，别舍不得，那些挂着表象的精彩生活，看了也只会徒添烦恼。对待人际关系，要果断做到"断舍离"，优化朋友圈，朋友在精不在多。

放下优越感，让别人愉快，自己舒服

2017 年《开学第一课》节目中，年事已高的许渊冲老先生坐在轮椅上，他的耳朵已不太灵敏。董卿轻抚半身裙裙角，安静地跪在一侧静静聆听许渊冲老先生的讲述。在只有三分钟的采访过程中，董卿三次下跪，即便再没跪着的时候，也谦卑地弓着身子。董卿的这番举动获得许多人的称赞，赞她"跪出了最美的中华骄傲"。

这看似不太合乎情理的事，大大体现了一个女人的基本素养。集一身人气与光芒的董卿愿意放低姿态与许渊冲老先生平视交流，是穿透在她骨子里的谦逊和涵养。

其实董卿不止一次跪下采访，在主持《朗读者》的节目中，她用同样的谦卑采访了身有残疾的朗诵者赖敏。那时没人注意到这个细节，这次却在人们心底掀起风浪，这足以说明现在的人是极渴望这种谦逊低调的品质。

收敛锋芒、平易近人的女人会比刻意高举光环的女人更高贵。与人相处，令人愉悦的关系是平等且相互尊重，没有攀比，不居高临下，不因出色恃才傲物，不因懂得多就侃侃而谈。显摆、张扬、捧高踩低，偶尔透露出的一点小小优越感，会令周围的人因与你存在的差距，失落或难过。这个世界上，不会有人用眼睛去直视太阳，却没有人能拒绝月亮的温和柔美。

著名主持人孟非曾说："所有的优越感都不是来自容貌、身材、知识、家族、财富、地位、成就和权力，它只来自缺见识和缺悲悯。"

她透支信用卡买了一款限量版包包，步子迈得张扬，眼神变得高傲；她在西餐厅吃了几次，就开始评头论足中国菜的俗气；她读了几本世界名著，便瞧不起通俗文学；她喜欢放飞自我，去过一些国家旅游，就嘲讽埋头工作的同事是在虚度光阴……

有些女人爱慕虚荣，这本没什么大不了的，大家都希望自己很好，但是群芳争艳，莫要压人一头。处处散发着一种叫"我与你们不同"的优越感，姿态凌傲，眼神轻蔑，用一种不屑一顾的态度抬高姿态，也许这可以彰显一个人的存在感，却会令很多人不舒服。

层次越高的女人，越懂得谦卑，心如止水，独抿幽香，低调而内敛，比起高高在上，更喜欢弱化自身的优势与人谈笑风生，这样的女人独有魅力却与容貌、才能和优势无关，更像个平凡的女子在与人说着很平凡的事，令人愉悦，想要亲近。

一次作家宴会中，有位衣着华丽的男人趾高气扬地在人群中穿梭，逢人便说自己是出了三十多本书的名气作家。他看到宴会厅角落里有位衣着朴素的女人，显然没有自己有名气，便跑过去说："你好女士，很高兴认识你，我是一位写了三十多本书的作家。"

女子礼貌地笑了笑，轻轻点头。女子并没有被惊艳到，男人感觉是被羞辱了，便质问："想来你的名气也是不小的，请问你出版了几部小说？"

女子淡淡回道："只有一部。"

男人瞬间找回了优越感，眼神不屑道："就一部啊？什么名字？也许还没听说过呢。"

女子回道："《飘》。"

男人瞬间僵化住了，他怎么也没有想到这个看上去平平无奇的女人居然是闻名世界的作家，在众人的嘲讽之中，男人尴尬地转身离去。

百年修得同船渡，大家能坐到一起既是一种难得的缘分。不同的是人生，相同的是你我皆肉体凡胎，没有不同，若因小小成就沾沾自喜，觉得高人一等，只会显得无知又可笑，但凡遇到能力稍微强过自己的人，也只有受挫的份儿。无论进入什么样的环境，置身怎样的圈子里，到处释放优越感的人，不会结交到真心相待的朋友，即便有真材实料，也没人愿意守在一个喜欢自卖自夸的人身边自讨没趣。

放不下优越感的女人，容易受到虚荣心的支配，变得强势，就像你站着，别人蹲着，别人不开心，可一直端着架子的你也不会舒服。尝试着放下优越感，忘记已存在的优势，良好的友谊往往从平易近人开始。

1923 年，冰心在《晨报·副刊》上发布了《繁星》《春水》。一经面世，这两部作品便在文坛上翻起热浪，赞誉之声滔滔入耳，冰心成为文坛新秀，风头无两。

同年，梁实秋要搭乘轮船去美国留学，船上另有一批文学志士，其中便有冰心。经许地山介绍，梁实秋首次与冰心结识。其实在他们素未谋面之前，梁实秋有批判过冰心写的诗。第一次见面，梁实秋故意问冰心是做什么的，冰心回答："文学"。冰心反问梁实秋，梁实秋回道："批判文学"，显然第一次搭话，略有尴尬。

当时冰心未来的丈夫吴文藻也在船上，他跟梁实秋是好友，而冰心又与吴文藻熟悉，渐渐地梁实秋与冰心交往的次数便多了起来。原本，梁实秋以为冰心不会是个平易近人的女子，毕竟风头正盛，难免自视甚高，况且之前他曾公开批评过她的诗。然而，冰心并未提及此事，虽然她外表清冷，却也从未谈及自己的优势与声望，她平凡得就像个小女子，却又散发着无法遮盖的文学素养，是个可爱又真诚的女子。通过在船上以及美国留学期间的接触，梁实秋与冰心成为了知心密友。

董卿在《主持人大会》中担任导师的时候，点评选手之时，总以赞美为开端，给予选手最有效的评价，却不忽略对方的劣势，温和又恰到好处地不让选手有挫败感。有人说，董卿不会与谁自来熟，但你能感受到其中恰到好处的亲和力，让人感觉很舒服，很想多跟她交流几句。

在董卿这里，没有高人一等，她有值得骄傲的资本，却从来没有骄傲自满的样子，在她身上很难看到什么优越感。她深谙人与人之间要相互尊重，平等交流，而不是一方强力输出。她也不喜欢站在高处指点别人，即便有着 25 年的资深经验，董卿张口说的第一句话从来不是"你应该怎么样"，而是"我可能会怎样"。

以温婉谦逊之心待人，是一种修养。俗语有言"女人如玉"，贾平凹如是说："玉和女人是一种天然相通的关系，有隐忍魅力的美玉，就如同有内在魅力的女人。"细腻温润，心灵纯洁，以己度人，筑自己的魂，既愉悦他人，又轻松己身，既是为人处世之道，亦是女人永恒的魅力。

闺蜜消亡史：既能亲密无间，也可点赞之交

女作家绿妖曾说："人生是个巨大的答不完的卷子，我们匍匐前进，时对时错。但庆幸有闺蜜陪伴，这场漫长的、拖延的、艰巨的答卷任务变得不那么苦涩。闺蜜，是质感最高的友情，是女人间尤为美好的关系。"

是啊，匆匆岁月中，有个人能陪着自己一起疯一起闹一起哭一起笑，是一件幸福的事。只是，人这一生如浮萍，漂浮的旅途中，总要有些变化。有人说："女人的友谊也有七年之痒。"

生活就是一个大染缸，过着过着，就染上了不一样的颜色。我不再和你喜欢同样款式的裙子，不再爱吃你那甜到发腻的蛋糕，我喜欢大草原的奔放，你爱上了雨林里的烟霞。我们永远无法再为了抢两张演唱会的门票去打扰别人……疏离的闺蜜情分，总要有个疏离的因由，只是不管因何而起，与其伤感，不如坦然面对。安安静静看着她的朋友圈，偶尔点个赞，亦是对以往情分的尊重。

张爱玲在港大读书的时候，一直是一个人一本书，独来独往，日子简洁。但是，有一个叫炎樱的女孩却突然闯进了她的生活。这

个爽朗、语速快，又有点野蛮的女孩冲淡了张爱玲的孤冷和忧郁，给她的生活平添了欢笑和趣味。

在香港求学期间，张爱玲和炎樱几乎形影不离，经常一起看电影，一起逛街买零食。张爱玲曾写过一篇《炎樱语录》，讲述了炎樱生活中的很多趣事。她写道，炎樱买东西时，总要在付账时抹去零头，俏皮地翻过包包，说："你看，没有了，真的，全在这儿了……"惹得店家对她亦是怜爱，不忍心责怪。

她二人漫步校园，说着心事，互诉衷肠，没有任何人能插足其中。而炎樱亦是知张爱玲的，沉默孤傲的她，内心实则含蓄柔软，所以炎樱对张爱玲既珍惜又怜惜，她们二人的友谊是超乎寻常的。张爱玲曾说，她一生只大哭过两次，一次便是为炎樱。学校放暑假，炎樱原本答应要留校陪着张爱玲，但她却不辞而别，这让张爱玲伤心不已，大哭了一场。她们两个是好友，更是知己。香港沦陷时，两个人经常一起绘画，一个绘图，一个着色，相得益彰。

张爱玲懂得君子之交应是淡如水，她们姐妹二人虽然情谊深厚，但总有天涯离散之时。自香港分别之后，于日后亦有重逢。再见之时，她们依然惺惺相惜；不在一起时，彼此深藏，默默怀念。

白落梅如是写道："每个人的一生，都会邂逅几段或深或浅的缘分。只是时光长短，萍聚云散，由不得你我做主……不管有一天会不会成为漠然转身的路人，但任何一桩缘分，我们都要珍爱。"

与闺蜜打打闹闹一生，是荣幸。若不能，也没有关系。人生的路都是向前延伸的，也许在未来不远的前方，还有一个人在等着我们到来。

《青春斗》热播的时候，追剧的小伙伴们一直认为那五朵姐妹花一定会永远在一起，过着想要的生活。剧中的五个女主人公从大学之初相遇到后来参加工作，也未曾分开过，数年的感情，吵过闹过，却始终在一起。五个姑娘渐渐变成五个女人，一路相互帮衬扶持，在北京努力打拼，即使困难重重，亦是抱在一起笑对人生。

然而，再深刻的感情也有聚散无常的一天。丁兰在丈夫的支持下考上了德国慕尼黑大学。钱贝贝因为遇到夏茉，找到了自己的喜好，选择出国学习画画。晋小妮生下孩子后，选择回上海父母身边。于慧开始关起门来，创造自己的小说。只有向真一个人留在北京，继续打拼。虽然五个好姐妹就此分道扬镳，但是经过岁月的洗礼，已然淬炼出各自的人生方向，离别时她们难舍难分，泪水模糊了视线，也许从今往后再不相见，但她们依然热爱生活，热爱彼此，彼此祝愿远在他乡的故人，安好！

青春的碗里盛着各式各样的诺言，有人曾说"我们要做一辈子的朋友，上学在一起，工作在一起，结婚后在一起，到夕阳垂老的那一天还在一起"，多炙热又忠贞的感情。只是，火一样的青春会慢慢浇灭在岁月里，也许激情未变，但曾经发誓要相伴一生的人却不见了，难过后就放下吧。

闺蜜不一定就是一生一世的好朋友，我们都是成年人了，感情用事的年龄已过，别用誓言压住彼此，总有一方会因为一句承诺背负良久。

曾听一个姑娘哭诉："我们曾经无话不谈，工作再忙，也会寻个日子聚聚，但是最近却莫名其妙地少了联系，微信发过去半天才回复，有时只简短到一个字'嗯'或'哦'，这明显就是在敷衍我，我们大概已经有一个月未曾联系了，为什么会这样？"

有人问她："你想找她质问吗？或者说想跟她干脆撕破脸老死不相往来了？"

姑娘摇摇头："没有，虽然一开始心里有些别扭，但现在只是疑惑。"

这就对了，只有心智未熟的小孩子才会哭着喊着问朋友"你为什么不理我？"成年人的情谊疏散是个缓慢的过程，不知何时起就慢慢不联系了。电视剧里的闺蜜情节多少浮夸些，但现实是，许多浓烈的姐妹情疏远得礼貌而沉默，轻轻地一句"再见"，也许就是再也不见。

当闺蜜慢慢沉寂时，一个人热情地苦苦支撑，撑不起两个人的世界，会很累的，与彼此亦是一种牵强的消磨。曾经的朋友停留在曾经那个美好的时光里便好，大家既然已经各奔前程，再强求相濡以沫，不如安安静静分别，相忘于江湖。

关系不求一生一世不散场，但求彼此安好。友谊长存是：我过好我的生活，且尊重你的选择，不一定谁必须融入或扶持谁的世界。"我居北海君南海，寄雁传书谢不能。桃李春风一杯酒，江湖夜雨十年灯。"享受彼此间的独立，有些所谓的默契，是你看我欢喜，我见你无忧。天涯亦是咫尺，咫尺悠在天涯。

遇到层次低的人，宁肯吃亏也要赶紧逃离

　　女人天性里有着善良和柔情，习惯抱着人性本善的态度去生活和交友。但是，网络的透明化一再告诫女性朋友，别忽略人性的暗与恶，因为遭遇层次低的人酿成的悲剧经常上演。世界如此之大，鱼龙混杂，人心又隔着肚皮，每个女人一生当中都会遇到各种各样的人，我们无法确定都是良善之辈，若在接触中发现其非善良之人，请赶快离开，且越快越好。

　　曾经，杭州一位怀孕 8 个月的女士，在回家途中遇到一只斗牛犬的攻击，她丈夫为了护着妻子，踢了狗几脚。跑来的狗的主人看到爱犬被踢非常气愤，并质问："你凭什么踹我的狗？"

　　怀孕的女士耐心跟狗主人解释，但狗的主人听不进去，不依不饶骂道："你是孕妇就了不起了？你怀着孕就能踢我的狗了？"

　　夫妻二人一听也来气，就跟狗的主人争执起来，越吵越烈，狗的主人上前就去拽女人的头发，踢她的肚子，并不停咒骂着让她去死、流产等恶毒的话。结果女人被他打得腹痛难忍，下体血流不止，尽管送医，也没能保住孩子。更令人意想不到的是，那个心肠狠毒

的狗的主人居然是坐拥 300 万粉丝的大网红。

假如这对夫妻在发现狗的主人是个不讲道理的人时，报警或者赶紧抽身离去，不浪费时间跟他争口舌，也许就不会发生接下来的事。

尼采在《善恶的彼岸》中说："凝视深渊过久，深渊将回以凝视。"层次低的人，是因为他们骨子里就缺乏素质，做事没有原则，又毫无底线。当你张嘴和他们理论的时候，根本无法想象他们掩藏在面目下的魔鬼究竟有多可怕和扭曲。

还记得轰动一时的江歌案吗？江歌的室友刘鑫因为与男朋友陈世峰发生矛盾而提出分手，但陈世峰并不答应且百般纠缠，刘鑫后来搬去江歌那里住，陈世峰三番两次去骚扰她们。2016 年 11 月 3 日凌晨，刘鑫让江歌去车站接她，等她们回到公寓楼时，陈世峰正等在楼前。三人碰面后发生争辩，江歌让刘鑫先回到宿舍内，她留下挡住陈世峰并跟他继续交涉。接着，邻居和刘鑫便听到尖叫声，等她们出来看时，江歌已倒在血泊中，脖子上被刺了数刀。虽然警察在接到报案后第一时间把江歌送去医院，可依旧没能保住她的性命。

还记得那位被打毁容的丽江女子吗？就因为邻桌男子模仿她说话，她气不过与之纠缠，结果被对方残忍虐打。

台湾的陈女士正在火锅店就餐，扭头时头发碰到邻桌的一名男子，她赶忙道歉，可对方却嘟囔个没完没了，陈女士觉得气不过，就回了句嘴，结果那个男人抄起桌子上滚烫的火锅就泼在了陈女士脸上。

　　就在我们周围，离得并不远，因为遭遇层次低的人，与其纠缠不清而导致的恶性事件，真的太多太多了。千万别再低估人性的阴暗和丑陋，层次低的人会为了面子、为了维护那所谓的形象和变态的欲望，什么事都做得出来。遇到这样的人，宁肯吃亏赶紧逃离，别浪费口舌跟他人争长短，理论的后果往往是我们无法预判和承受的。

　　遇到暴虐、不依不饶、无理搅三分的人，再愤怒也别去较真，趁着自己还有一丝理智，离开是最好的选择。

　　第一，女人在体力上本就是弱者，发生冲突你打不过对方。

　　第二，层次低的人陷入疯狂更容易失去理智，什么事都做得出来，你根本威慑不到他，而且女人高分贝的尖叫，容易给他更大的刺激。

　　第三，跟这种人较真，不仅会浪费自己的时间和精力，而且用同样跟对方一样烂的方式去回怼，即便占了上风，又得到了什么呢？面子？荣耀？还是畅快了？若因为对方让自己变得张牙舞爪，那是非常不值得的。

　　也许你会觉得咽不下那口气，但生命和那口气比起来，孰轻孰重？

　　在一期《奇葩说》里，大家正在讨论"键盘侠是不是侠"，陈铭分享了自己碰到的一件事。

　　他说："我自认是个涵养很高、极度克制的人。直到有次我在微博上晒了一张我女儿的照片，一个陌生人，一句话，大开地图炮、基因炮。"

　　陈铭自然无法接受别人诋毁自己的女儿，就下意识地想回句"你说什么呢？"可越想越气愤，就想用更激烈的语言去抨击对方。

这时候他的妻子反而提醒了他："你说出口的时候，和他又有什么区别？"

跟一个把生命当作玩物、思想性格堕落的人纠缠，也只会拉低自己的水准。在没有节操的人身上浪费时间和精力毫无意义。女人的一生说长不长说短不短，要做的事或想做的事还有很多，别因为一个层次低的人影响自己的心情或耽误自己的行程，远离这类人，纵使已吃亏也非软弱，而是对生命的敬畏，对自己的尊重。

杨澜也曾说："当你意识到生活中有太多烦心事时，就需要让自己远离那些无关紧要的人和事，转而去做自己真正喜欢的事。"

总之，遇到层次低的人就六个字：不纠缠，赶紧逃。别想着你可以感化这类人，也别以为温柔善良或循循善诱就可以让他们感同身受，你永远叫不醒一个装睡的人。俗话说"常与同好争高下，不与傻瓜论短长。"这个世界上善良的人很多，他们会记得你的好，但是也会有人把你的善良和客气当作他可以胡作非为的底气，这种人就让他自己作去吧，我们一定要避之大吉。

时间与生命同根，在它们面前，任何人任何事都会显得苍白无力。女人的人生更是珍贵无比，不能为层次低的人浪费，哪怕是愤怒或委屈都不值得为他们宣泄。好好爱自己吧，这比什么都重要。

有人喜欢你就有人讨厌你，不必太在乎

　　哲学家叔本华说：人性一个最大的弱点就是，在意别人如何看待自己。太多女性活在别人的评价中，希望从别人口中获得认可和赞许，以确认自己是优秀的，是无可替代的。

　　在《愿你拥有被爱照亮的生命》书中有这样的观点：假如你是一棵树，别人对你的态度就是一阵又一阵的风。如果你很在意别人的意见，那就意味着随便一阵风，都会把你剧烈摇动，甚至将你吹倒。

　　一个成熟的女人不会把自己的喜怒哀乐系在别人的嘴上，她们不愿花时间和精力讨好别人，只想取悦自己，按自己的节奏，过好自己的人生。要知道喜欢你的人不管你做什么都会喜欢你，讨厌你的人就是你随手发个自拍，买件新衣，做个发型，也有理由讨厌你，觉得你是在作妖。

　　迪帕克·杜德曼德医生说过这样一段话："你生命中所有的问题，都来自于你不够爱自己。最坏的事情是人一生都不了解自己，因此一生就白白浪费了，不管多么富有、多么成功都没用。不依赖他人的评价来行动，不去取悦他人，而是取悦自己。"

　　"天才少女"蒋方舟说："真正欣赏你的人是欣赏你骄傲的样子，

而不是你故作谦卑或故作讨喜的样子。"你可能想不到蒋方舟这样的人以前也是"讨好型人格"。她曾经在《奇葩大会》上分享过自己关于讨好别人的一些经历，她说自己从来没有和任何人产生过真实的关系，就是她害怕与别人发生冲突。

大学期间，蒋方舟做过一段时间的电视节目主持人，在节目中不管采访对象说出多么令她想反驳的话，她仍然会恭敬地说："老师，您说的真对，再来一段呗。"虽然内心里并不情愿这么说，但她害怕说出话令对方不舒服。

甚至有一次和男朋友吵架，对方打电话骂她，她都没反驳，反而一直道歉，道了两个多小时歉，对方还觉得敷衍。蒋方舟只好挂断电话，后来，对方一直打过来，她就一直挂断，整个过程她浑身发抖。

具有讨好型人格的女人，不论做什么事情，都很在意别人的看法，做事情之前要思考怎么样才能不让别人反感。一直活在这样的情绪里，渐渐就会将自己本来的样子隐藏起来，永远活在了别人的世界里。有的人会反驳我说自己不是讨好型人格，只是比较喜欢替别人着想，千万不要把两者混为一谈，因为到最后你就会发现你活得越来越委屈。

严歌苓说过："我发现一个人在放弃给别人留好印象的负担之后，原来心里会如此踏实。一个人不必再讨人欢喜，就可以像我此刻这样，停止受累。"越是在意别人是不是喜欢你，心理负担就会越大，讨好一个人的时候就是要用一种卑微的姿态，但是与其经营别人的喜好，不如把自己经营的更美好。

别人的看法总是很容易误导自己，只有坚持做自己，才是最有意义的事情。很多时候我们都是在思考如何做到让所有人都喜欢自己，所以浪费大把的时间用来取悦别人。但是到最后才发现，就算讨到了大多数人的欢心，却也离最初的自己越来越远，把自己弄丢了，甚至活成了自己最讨厌的样子。

《阿甘正传》里有一段对话很经典："你以后想成为什么样的人？""什么意思，难道我以后就不能成为我自己了吗？"

演员伊能静曾说："从小妈妈就教导我，找个男人依靠就会幸福一辈子。于是多数时间都在寻找那个男人、讨好、附属。但经过风霜岁月，终于明白，与其外求，不如寻找自己。让灵魂独立、生活独立、经济独立，自然能产生幸福感。"

有一种花叫夜来香，只在夜间盛开，开得清香四溢、美不胜收，一到早上，便收敛起自己的花蕊。它静悄悄地开放、闭合，不为讨好谁，也不为迎合谁，它只安然做自己。女人最好的姿态就是活出自己，不用讨好谁，也不用在乎别人的眼光，更不用在别人的评价里寻找存在感，只为成为光芒万丈的自己。

在一个视频中，好莱坞女星桑德拉·布洛克站在领奖台上，一面高举奖杯，一面念起之前在网上搜寻到的关于她的负面评论。最后，她幽默地表示"作为一个没什么才气、平庸，年过四十的老女人"，能得到这一殊荣她很感激。观众席上爆发出一阵笑声，随即，热烈的掌声响起，久久不停……

那些有魅力的女人都有自己的追求，她们活得既特立独行、又不随波逐流，希望你亦是如此！

第五章

情感管理：

在爱情里，活成自己喜欢的样子

"执子之手，与子偕老"的爱情，靠的不只是运气和缘分，更是智慧经营。拥有独立的精神内核，不依附不恐惧的女人，才值得拥有彼此滋养，相互成全的最美爱情。

真正的爱情是十指相扣，而不是一个追一个逃

　　爱情就像一块巧克力，含在嘴里让它慢慢地融化，让浓郁、丝滑、香醇的诱惑一点点浸透进血液里，令人迷醉，又令人回味，那是一种毫不费力的情感缔结，而不是落花有意流水无情，不是不情不愿含有苦涩的强扭之瓜。

　　还记得十多年前的《粉红女郎》吗？里面的"结婚狂"方小萍，有人答应跟她结婚，她满心欢喜准备婚礼，结果对方宁愿扮成女人也要逃离方小萍。她一直高喊着"不结婚要疯狂，要结婚也疯狂"的口号，并发誓有生之年一定带回个男人来结婚。

　　她人生的终极梦想就是结婚，凡是出现在她周围的男士，她想的第一件事就是能不能跟他结婚。她来来回回折腾了十几次，无论是从恋爱开始，还是直接就结婚，结果都以失败告终。方小萍只是单方面执着于结婚，更像是给谁一个交代，而不是单纯地为了爱情去结婚。

　　后来方小萍遇到了一个叫王浩的大男孩，这是第一次有男人主动追求她，她问他："你肯让我缠吗？"不等对方回答，她抢着说道：

"答案已经写在你的脸上了。"

方小萍已然在爱情里丢了自己，她为了符合对方心中的择偶标准，不停讨好和改变自己的想法。例如，她为了追酒吧 DJ 罗密欧，戴假发，浓妆艳抹，一身嘻哈花哨的衣服，"他喜欢什么，我就喜欢什么"。可换来的是嫌弃。

爱情应该是纯粹的，而不是为了某个目的去爱，或者把爱情强施于人，这等于是剃头挑子一头热，连开始都算不得，怎么可能修成正果？

曾经的我们都会幻想拥有一段浪漫而又深刻入骨的爱情，直到秋黄叶落，身边依旧有良人相伴。但爱是现实又厚重的，幻想来的爱情除了遍体鳞伤别无结果。

情感导师涂磊说："善良的女人管住男人的胃，功利的女人管住男人的钱包，愚蠢的女人管住男人的身体，聪明的女人管住自己的尊严。真正的爱情是十指相扣，而不是一个追一个逃。"

是的，真正的爱情应该是十指相扣，是两个人在对的时间，对的地点，遇到对的人，彼此心灵契合，眼神交汇间皆是欣赏，在慢慢岁月中，久看不厌，相处默契，你知他懂他，亦如他知你懂你。

光纤的发明者华裔科学家高琨获得了 2009 年的诺贝尔物理学奖，他却说获奖不是他人生中最大的成就，让他一生荣耀且刻骨铭心的是与妻子黄美芸的爱情。

正在专心工作的黄美芸突然被人打断，一个男人向她打招呼："你好，我叫高琨，是这里新来的见习工程师。"祖籍广东的黄美芸听着他那有些粤语口音的普通话倍感亲切。

　　高琨对黄美芸一见钟情，此后的恋爱近乎水到渠成。但黄美芸担忧高琨对自己的情感只是昙花一现，便决定与他分开一段时间，来考验二人的感情。但是高琨反对，他看出了黄美芸的忧虑，说道："我不愿意做这个实验的原因还在于，我哪怕就是跟你分开一天，也会非常思念你的！"这个大男孩与她在情感和精神上总有一种默契和共鸣。

　　母亲并不同意黄美芸先于哥哥结婚，但黄美芸还是坚持在国外跟高琨举办了婚礼。高琨是懂妻子的，所以婚后经常陪黄美芸回娘家，虽然屡屡吃闭门羹，但高琨从未放弃过，一直到有一天，发现门是虚掩的，夫妻二人大着胆子走了进去，又赔不是又孝敬的，母女的感情才渐渐缓和。

　　1963年，高琨的"光纤"理论发表后，遭到各界的嘲讽、质疑和批评，黄美芸却一声不吭站在丈夫身后支持他。他们的儿子和女儿相继出生，丈夫忙，很少陪伴孩子，黄美芸却笑说："我迟早要在电冰箱上贴一张告示，提醒孩子们早上看到的陌生人，是他们的父亲！"

　　一日，高琨让妻子儿女在车上等着，他去了实验室，出来却发现妻子和车不见了。他正发愁时，黄美芸带着孩子折了回来，看着丈夫在寒风中一脸苦涩的样子，黄美芸笑得像个孩子："你让我们等你，你不知道等人是什么滋味，我们也让你等等我们，体验一下！"嘴里调侃着，却将一盒香喷喷的饭菜塞进丈夫怀里："怕你在实验室时待得太久，忘记了吃饭，饿坏了身体，我们特地给你做好了送来！"

真正的爱情是刻在骨子里的不离不弃，是思想上根深蒂固的缠绵。你的眼睛里有他，他的视线里有你，有时你等等他，有时他等等你，彼此之间不需要刻意解释或迎合，是非常舒服，毫无违和感地在一起爱着，没有任何感情的负累，那是精神上的共鸣，是生活中点点滴滴的彼此宽容与尊重。

作家苏岑如是说："真正好的感情，就是不费力。不需要刻意讨好、努力经营，两个人已是顺其自然的舒服。如果一段感情、一个人，得让你耗费巨大精力来取悦，这已注定不是能陪你到最后的缘分了。"

爱情简单也复杂，简单是彼此懂得，所以慈悲；复杂是不爱你的人，你做什么都不能打动他。所谓爱情不过是你情我愿：杨柳依依，轻舟搁了浅，他愿为你执手掌灯，你愿随他踏泥前行。

拥有独立的精神内核，不依附就不恐惧

当下新时代的部分女性多少是愧对这个时代的，她们的思想与封建社会总有某种藕断丝连的牵扯，浅薄得以为有个男人疼着爱着宠着，便会一生含着普罗旺斯的七月，灵魂都是香甜的。她们亦认为有了爱人、丈夫的安抚，便可以过起随性的小日子。然而，越深爱，越不安，越恐惧。

爱情和男人在某种程度上存在着不可违逆的变数，若有一天爱和他都不见了，你还剩下什么？也许问题刺耳，却值得深思。

有朋友说："我在未遇到爱情时，是独立的，就像那傲雪的寒梅，在寒风凛冽里也可以笑出花儿来，那时的我洒脱、高傲、自信，天不怕地不怕，日子过得相当舒心。可后来我遇到了爱情，却变得胆怯。我害怕很多事情，怕有关他的一切，担心所有的不过是梦幻泡影，我离不开他，更忧虑未来能否幸福。"

为什么令人艳羡的爱情换来的却是恐惧？

因为过去的她心底总有某种东西在为她的整个人生提供能量，我们称之为"精神内核"，但显然，为了爱情她埋没了那样东西，取而代之的是爱人。所有的恐惧皆源于自己已然失去承担的能力，在爱情中，但凡丢掉精神内核的女人，就只剩下依附男人，便不可能安稳。精神内核对每个女人来说都无比珍贵，是远高于任何情感的，是坚实的依托。心里藏着"魔法棒"的女人，看到的是整个世界的繁华，男人纵有魅力，爱情之外另有选择，未曾依附，心便是自由的，自由的女人，连恐惧都不会发生。

21岁时，官家千金小姐秋瑾嫁给了成功商人的儿子王子芳，并在次年诞下一子，又于后来育有一女。秋瑾本可以做个不愁吃喝的富家太太，安逸潇洒地生活，但是她却不喜欢只在家里养尊处优，随性消遣，她喜欢诗文读书，有志趣，很佩服那些革命志士。她的丈夫却是个安于现状的公子哥，不理解她，秋瑾也未曾强求丈夫的理解。

家中为王子芳重金买了官职，秋瑾便随着丈夫赶去北京赴任。在北京，秋瑾通过丈夫结识了廉泉、吴芝瑛夫妇，令秋瑾开心的是，他们在思想上有共鸣，都很崇拜孙中山先生。而颇负文名且思想开明的吴芝瑛，更是成了她的知己。在吴芝瑛新思想的影响下，秋瑾对革命有了更深刻的认识。

王子芳只想按部就班地过日子，秋瑾却想追求精神上的生活。她渴望知识，渴望思想上的突破，渴望冲破封建束缚，于是不顾丈夫的反对，自费去了日本留学。在日本，秋瑾一边提高学识，一边参加革命活动，创办《白话报》，加入同盟会，她宣传女权主义，抨击封建制度……虽然丈夫王子芳并不支持她的行为，但秋瑾心中无悔，因为革命早已成为她的信仰。

当得知王子芳纳了妾室，秋瑾未曾有半分悲伤，反而全身心地投入到革命事业中。后来，为了创办《中国女报》筹措经费，秋瑾回到了湖南湘潭婆家，婆家人都规劝秋瑾踏踏实实跟王子芳过日子，公公给了她经费，亦希望秋瑾与儿子过安稳生活，只是秋瑾不想把自己托付给谁，她心中埋着一颗跃跃欲试的种子，"危局如斯敢惜身？愿将生命作牺牲"，她必须要去革命，所以她毫无留恋地再次踏上征程。尽管后来被捕，面对严刑拷打，秋瑾未掉一滴泪。行刑前，她执笔写下："痛同胞之醉梦犹昏，悲祖国之陆沉谁挽？日暮穷途，徒下新亭之泪；残山剩水，谁招志士之魂？……"

《三十而已》中的王漫妮说："我的工作服就是我的铠甲。"工作时候的她，确实像个斗士，没有欲望，只一心做好本职工作，尽管偶尔受挫，那亦是她生活的一部分，她无所畏惧。而安逸的爱情反而令她孤独。于她而言，房子和车以及安稳的生活，非她所愿，她并不想依附谁，哪怕前路坎坷，也不会退缩，而这恰是王漫妮的精神内核，所以她终究离开了小城，回到上海。

幸福的爱情不是盒子，不幸的爱情亦非刑场。女人不该因为爱情腐蚀自己的内心。纵然遇到了一个不错的人，经历着一段未来可期的爱情，也不该缩进尘埃里，去依附别人。追求亦是一股强大的精神内核，有所追求的女人同样憧憬爱情渴望被爱，却不会因为爱情与安逸的生活而迷失自我。

张德芬说过："亲爱的，外面没有别人，只有自己。"

人可以在累了时去倚靠，但不能依靠。除了自己，没有人可以让你变得更幸福。握好那个无比珍贵的精神内核，也许只是一个简单的信仰，或者是一个不起眼的工作，或者是对远方的向往，但只要它在，我们就有源源不断的能量供应，握紧它，也因为它在，我们爱得自如，不爱亦自如，大不了过回一个人的生活，未曾得到什么，也未曾失去什么，踮起脚尖依然可以笑着打拼新的人生，哪怕只是喜欢阳光的味道，心有期许，无忧亦无怖。

请在爱他之前，先学会好好爱自己

"比起爱你，我更爱我自己，因为我爱着自己，才能好好爱你。"早已忘记这句话的出处，却极为深刻地印在脑海里许多年。

曾看过一个极短的小视频，视频中一男一女正在点餐，男人端着菜谱一直在点最贵的菜，女人拿过男人手里的菜谱，说："我不喜欢吃太甜的，给我来这两样清淡些的。"男人愣了愣，歉意道："不好意思，忽略你了。"女人从容说道："没关系，我不忽略就行了。"

爱自己的女人守得住自己的本真，那是一种独特的味道，亦如董卿在《朗读者》中问张艾嘉："什么是女人的味道？"

张艾嘉淡淡说道："女人的味道是需要被品尝的。"

这亦是一种诱惑，也许是少女时期的懵懂可爱，也许是恋爱中的妩媚娇然，也许是婚姻中的温柔贤淑……这些皆是女人的味道，充满魅力与诱惑，但是有味道的女人多少会有些"自私"，因为她们会先爱自己，爱自己的容貌、爱自己的感受、爱自己的职业、爱自己的个性，把爱自己作为一种人生信条，正如奥斯卡·王尔德说的："自爱是人生漫长浪漫史的开端。"

电影《超大号美人》中，女主角蕾妮因为胖严重缺乏自信，身边的人也一直嘲笑、嫌弃她的肥胖，蕾妮便一直假装自己很快乐，积极生活，她也曾希望能瘦下去，健身、控制饮食，却一样也坚持不下去。

某天，她去健身房健身，因为用力过猛摔倒昏了过去，清醒之后神奇的事发生了。她的身材变得非常苗条，精致的五官，非常漂亮，不过这种美丽只有她自己看得到，在别人眼中她依然是那个满身赘肉的胖蕾妮。蕾妮的自信感爆棚，她欢喜地辞掉工作，自信地跑去一家美妆公司应聘，美妆公司的老板对职员形象非常挑剔，却依然破格录取了自信十足的蕾妮。

蕾妮认真的工作态度感染着身边的每个人，也得到了经理的关注，她被邀请去做波士顿新方案的主讲人，在这里她邂逅了爱情，一个不错的男人，她主动出击，最终虏获了那位男士的"芳心"。虽然"美貌"让她变得自信，但实际上，是自爱让她爱情事业双丰收。

杨澜曾在自己的访谈节目中说："女人要宠爱自己，不关乎你有没有钱，因为它是女人的一种本能，更是一种感受能力。这个宠爱其实很简单，就是让自己每天生活得很幸福，做自己想要做的事情，吃自己喜欢吃的东西，不因为一些外在的因素去影响你自己的生活品质，因为这是你内心的一种感受能力，不能因为一些外在因素去剥夺你自己的这种能力。"

自爱的女人更懂得尊重自己的身体，骨子里的矜持会让一个人变得清醒和理智，不会在这个浮躁的年代肆意放纵，不会因为一座城一个人就随意逾越心中的底线。

爱自己，人生才有亮度。具备自爱能力的女人有着健康的人格和张弛有度的品性，不会轻易随波逐流，不会因为太强硬令人望而生畏，内心丰满而圆润，爱情在她们面前不过是个选择题，要选的并非爱或不爱，而是爱情本就可有可无，她们给得起自己幸福，爱情在别人眼里也许弥足珍贵，于她们不过是锦上添花，是多了一个机会，去体味不同的人生常态。

自爱之人的心是豁亮的，对爱有着正确的认识和感知，才不会饥不择食地让自己沦为贪婪的索爱者。因为爱自己，才有资格爱别人，用爱自己的方式温和地去爱对方。

学会好好爱自己，爱在心中便是一种涵养，不随便让它糜烂，不轻易对人绽开。因为自爱，对爱才有更好的控制力和自律性，不轻易选个人谈恋爱，且不因为相爱就轻易结婚，也许爱情很美好，但不是结婚的充分条件。婚姻在一个自我意识感很强的女人心中是精神深处发掘，不可因头脑发热就应允。

请在爱他之前先学会自爱。爱自己，需要长久的自我修炼和成长，学会自我滋养，为自己创造舒适的生活环境，去发现与培养适合自己的爱好和特长，这必然是一个长久且持续的过程，但请务必坚持，接纳当下这个可能有点糟糕的自己，然后一点一点修葺和改变。

让自我欣赏成为一种习惯，一切事物才会变得美好。当我们爱自己胜过爱他时，当我们欣赏自己胜过世间一切华丽与虚荣时，人生之旅永远充满希望和神秘。好好爱自己，无论现在你正处于人生的哪个阶段，去寻找自己真正喜欢的事情，去寻找内心的宁静，和一切美好相遇，把生活装点成你最想要的样子。

当你爱到失去自我，这注定是一场悲剧

有人说："爱情容易磨平女人的棱角，削掉她的可爱，剪掉她的个性，吹走她的尊严，磨掉她的人生。"在爱情里，女人比较容易失去自我，演绎一场悲歌。

亦舒在《我爱，我不爱》中写下这样一段话："真正属于你的爱情不会叫你痛苦，爱你的人不会叫你患得患失，有人一票就中了头奖，更有人写一本书就成了名。凡觉得辛苦，即是强求。真正的爱情叫人欢愉，如果你觉得痛苦，一定是出了错，需及时结束，重头再来。"

正当家人为庐隐的婚事着急时，一个叫林鸿俊的男子站在了庐隐面前。两人初见，相谈甚欢，十分投缘。庐隐想读一本叫《玉梨魂》的小说，正好林鸿俊那里有，便借了过来。林鸿俊在小说中偷偷夹了一封信，他将自己孤苦的童年、幼年丧母、少年丧父的事统统写于信中，这让有着伤感童年的庐隐生出共情，二人开始交往。

随着两人爱情升温，林鸿俊大着胆子向庐隐的母亲提亲，但他家境贫寒，又没有大学学历，庐隐的母亲拒绝他们二人再交往。面对母亲的阻碍，庐隐十分着急，据她家中一个女仆回忆，庐隐甚至把童年时的不幸遭遇搬出来与母亲对峙，才让母亲答应她与林鸿俊可以先订婚，可若想结婚，林鸿俊必须考取大学文凭，否则婚约作废。

林鸿俊自然答应了这个条件，开始发奋读书，考取了北京工业专科学校，二人正式举行了订婚仪式。

一段岁月颠簸之后，原本性格倔强的庐隐越发坚韧，她不顾家人反对考取了北京女子高等师范学校，并且一边学习一边写作。她将与林鸿俊的恋爱经历写进《隐娘小传》中，且得到几位好友的一致好评。但是，文章还来不及发表，她与林鸿俊的爱情就出现了问题。

林鸿俊大学毕业后就去了山东一家大型糖厂担任总工程师，他多次要求庐隐放弃学业与他完婚，做全职太太，但都被庐隐拒绝。随后，林鸿俊又拿自己的高收入、地位和华丽的生活说事，但他的庸俗与世故让庐隐反感，开始怀疑这段感情是否有继续的必要。未等她想明白，林鸿俊的分手信就到了。曾深刻的初恋就此破灭，庐隐多少有些惆怅，但她从未想过挽回，倔强地昂起头，一点一点让自己变得更强大。

英国文学家伯特兰·阿瑟·威廉·罗素说："爱情只有当它是自由自在时，才会叶茂花繁。认为爱情是某种义务的思想只能置爱情于死地。只消一句话：你应当爱某个人，就足以使你对这个人恨之入骨。"

爱绝不是一方卑微地隐忍。也许不好的爱情有千万种形式，但爱到失去自我，人生又何谈自由？不过是给自己造了一个笼，上了一把锁，把钥匙放在了那个掌管着我们喜怒哀乐的人手里，假装幸福。

　　再爱，也别太用力，别爱得太满。如果我们爱得太多，会让男人觉得我们的爱付出得很随意，他珍不珍惜都无所谓。无论他做了什么，我们都爱他，且爱得痴狂无法自拔，于他而言，不用付出，就有一个女人不离不弃，其结果也只会让他看轻我们，觉得我们的爱廉价到一文不值。爱得再用力，有时也换不来我们想要的爱情，过度忍让、委曲求全，博来的不过是一场一厢情愿的个人表演罢了。

　　小视频平台上曾有一段触目惊心的视频，视频里一个女人紧紧抓着一辆车的前门坐在地上，车上的人没有顾及女人的安危，强行关上车门后倒车，结果车轮从女人的腿和肩膀上轧过。女人一动不动地躺倒在地上，那辆车渐行渐远。辛亏救护得及时，女人没有什么大碍。后来，有人说那个女人还是个大学生，那日她与男友发生争执，男友提出分手，女人追着道歉，舍去尊严地求着男友再爱她，可男友根本不管她的死活。

　　"自古痴情空余恨，多情总被无情伤。"别怪男人无情，怪只怪我们爱得太多，爱到了失去自我，爱到没有他便活不下去。

　　别说爱就该爱到极致，那是最大的谎言。如果遇到爱情，请爱到七分，留三分余地给自己。爱情也好，男人也罢，再爱都不该不顾一切，也别轻易相信那本就可以随时更改的诺言。

　　亲爱的，如果现在你的快乐和悲伤，完全取决于眼前的这个人，那你将变得不再迷人，你的个性已被消磨，你的灵气已被淹没，你眼中再无光彩，与市井妇人无异。古今中外，没有哪个男人会痴迷一个毫无魅力、逆来顺受的女人。所以，别因为爱他而迷失自己，这个世界上只有一个你，别轻易丢了自己的个性！

董卿曾在朋友圈里写道："人生大多数痛苦，源于想不开、看不透。痛苦的悲哀，不是别人不顺你的意，而是自己的内心在内耗。当内耗达到极致，便是永远的黑暗。"

想一想，确是这般，在爱情中失去自我的女人，多数是把自己快掏空了耗尽了，除了证明自己还活着，就只剩下枯竭的岁月和凄凄冰凉的黑夜。

别亲手把自己葬送在爱情里，当爱情来敲门时，欢喜着慢慢迎接便好，别太着急全部投入进去。爱是个漫长的过程，有可能就此一生，无论是谁与我们并肩踏雪行歌，哪怕是我们梦寐以求的那个身影，亦要维持好一颗平常心，保持现在的状态。他既于万千洪流中与我们相遇，到相知，再到相爱，必然是钟情于我们最初的样子。不疾不徐一点一点舒展爱的节奏，爱他，但也要做好自己。

教会身边的男人如何爱你，是你的责任

　　在最好的年华遇到一个最爱的人，注定是一场春华秋实的爱情。女人喜欢被爱的感觉，喜欢男人的温柔体贴，喜欢下雨时他焦急的嘱咐，喜欢他说不完的土味情话。只是，当爱成为习惯，一些浪漫渐趋平淡，出门与归家变成一种默然，两个人不知有多久没有一起去看场电影了，他爱上了刷手机，到入睡时都未曾再将你揽入臂弯，他没有说过不爱，可你除了怅然便是伤怀。

　　在感情中，女人总想抓住男人的心，想被男人疼着爱着，始终把自己捧在手心里，想要那种看得见摸得着的爱，而不是在岁月中磨得越来越生分，越来越冷淡。我们总在讲，男人爱女人是应该的，却从未想过爱也需要教化。人从出生起便有爱的根骨，但爱的具体方式和深度都是在后天的培养与教育中逐渐形成。在爱情里亦是如此，女人若想男人对自己爱得死心塌地，便教会男人如何爱，这是我们的责任。

　　在感情中，男人的情感优势是支配力，但对爱的感知力却相对迟钝些。而女人对爱的感知力相对敏感，却缺乏对情感的支配力。

倘若女人能够好好利用自身的优势，教会男人感知自己情绪和情感上的变化与需求，男人就知道该怎么去好好爱你。

情感导师涂磊曾说："世上本没有一无是处的男人，只有不懂得鼓励与赞扬的妻子。交到你手中的每一分钱，无论多少都是丈夫的责任和存在。学会温柔的赞许是每个女人的基本功课，一个胸无斗志的男人会因为你的一声鼓励而斗志昂扬，但一个信心满满的男人会因为你的一眼鄙视而垂头丧气。藤缠树，妻无藤之柔，夫难成大树。"

杨澜亦认为，无论是经历多年磨合的恋人，还是婚姻中的夫妻，彼此之间亦需要相互赞美，这会有利于感情的进一步加深。

三毛也曾说："男人——百分之八十的那类男人，潜意识里只有两样东西——自尊心和虚荣心。能够掌握到这种心理，叫一个骄傲的大男人站起来、坐下去，都容易得很。"

所以，别吝啬赞美，尽管岁月中满是荆棘，尽管生活总有云淡风轻的一日，若想让男人为了你去努力去拼搏，就多去赞美他，欣赏他，鼓励他。男人在安逸与平庸之时，女人递过来的一颗糖亦能燃烧起男人心中的斗志与激情，"士为知己者死"便是这个道理。

有时，女人感觉自己被忽视，自己的爱在被男人冷却，其实并不是男人真的不爱你，只是他不知道该怎么爱你，不清楚你想要的爱究竟长什么样子。所以，想让男人以你喜欢的方式爱你，需要女人亲自言传身教，以下有几点建议，希望能够帮助你。

想让他把一些时间用在你身上，就多在他眼前晃晃。

俗话说："陪伴是最长情的告白。"当姗姗的丈夫在一旁打游戏时，她会拿一本书在旁边静静看着。当丈夫很晚回来后，她会帮他热好饭菜，在对面静静陪着他，偶尔说说话。但凡他不是很忙，她总会在他身边转悠，让他眼里总有她的身影，却并不去打扰他。久而久之，丈夫对她产生很强的依赖心理，只要出差，每日都会给妻子打个电话，他总觉得不听听妻子的声音，便有些别扭。丈夫每天下班后第一件事就是回家，他对回家有着近乎狂热的执着，因为他知道有个人正在家里等着他，与其把时间留给吃喝玩乐，不如尽快回家陪自己的妻子。

如果想让男人乖乖听你的话，就别总是听男人的话。

梓冉总说她的丈夫很奇葩，每次有事情时都会征求她的建议，却从来没有一次是照着她的意见去做，她虽然不高兴，但从未反驳过，而她的丈夫依旧像走形式一样偶尔问问她的想法，但从未尊重过她，甚至瞒着她做些其他事。

女人一定要学会做主，不需要态度强烈，但也一定要有主见，在一些如非必要的事情上，让男人按照我们的想法去。乖乖女换不来男人的尊重，偶尔让男人听自己话，男人才会知道有些事是需要与妻子商量的，需要征求妻子的认可。想让男人一直宠溺你，就偶尔来点甜蜜的小情调。

晓露盯着男朋友看了一会儿，看得他颇为不自在，忍不住问："你老看我干吗？"

其实晓露只是出神了，却反口说道："看你长得帅呗，你说你咋长得这么好看呢？"

其实她男朋友相貌平平，但他面上仍旧忍不住笑出花儿来，嘴上说着："去去去，一边去。"其实心里早已甜如蜜。

　　晓露总是会偷偷吻他，有时莫名其妙地就抱着他的脸香巴巴地亲一口，还会附上一句"好咸"。男朋友一直都很爱她，因为她总是能调动他那颗已然平静深沉的心，他这辈子是逃不出她的手掌心的。

　　好男人都是女人教出来的，让男人学会以你喜欢的方式爱你，这是你的责任。别小看那些拧不开瓶盖子的女人，其实拧得开还是拧不开不是重点，重点是偶尔示弱或撒娇，会让男人更宠溺。男人喜欢在女人面前维持高大伟岸的形象，若女人太强势或太能干了，只会让男人变得越来越无存在感，越来越弱化自己在爱情和婚姻中的形象，别说爱你，他可能连爱自己都是凑合着的。教会男人去爱，爱情之花才能常开不败，在漫长岁月中，身边有个人体贴入微，知寒问暖，当是人生一大幸事。

爱情最好的模样，是彼此滋养，相互成全

好的爱情应该长什么样子？有人说是一生一世只爱一个人；是繁华落尽之后，他依然牵着我的手……是我懂他，他亦懂我……总之对爱情的模样说法千千万，听上去都格外美好，但这些不过是浪漫的情话，并不代表就是好的爱情模样。

爱情的轮廓无非两种，滋养或消耗。很多女人当初怀着对爱的憧憬选择与人执手，却在爱的琐碎里消磨了自己的华年，成为曾经最讨厌也最不想成为的样子，甚至以爱之名相爱相杀、相互摧残，这是爱情最糟糕的模样。

著名作家车尔尼雪夫斯基曾说："爱情的意义在于帮助对方提高，同时也提高自己。"

爱情最好的样子应该是彼此滋养，相互成全。就像杨绛和钱钟书先生，钱钟书曾对杨绛说："从今以后，咱们只有死别，没有生离。"

结婚后，杨绛随着钱钟书去了英国，钱钟书在牛街大学攻读学位，杨绛希望能与丈夫同进退，她也想多读些书，钱钟书知晓后，很是赞成，但为了节省费用，杨绛做了旁听生。钱钟书是难得的人才，

却对生活束手无策，他分不清东南西北，迷路是经常的事，鞋子分不清左右，打翻墨水瓶、弄脏桌布、砸坏台灯……他总是做着一些令人头疼的事，他自然担心被妻子责怪，每次坏了事情便内疚着说："我做坏事了。"杨绛却没有怨言，也不责怪，总是和善地说："不要紧，我会处理。"

杨绛的不卑不亢与善解人意，令钱钟书愧疚，为了不让妻子总受累，几十年来他都在坚持给妻子做早餐，未曾间断过。清晨，杨绛还未起身，钱钟书便已在厨房里忙活，他准备了地道香醇的红茶，烤了面包，还煮了鸡蛋。那是杨绛第一次吃丈夫做的早饭，她又惊喜又欣慰，说："这是我吃过的最香的早餐。"

回国后，那时国家正在抗战时期，在那段艰苦的岁月里，杨绛执笔创作了《称心如意》《弄假成真》两部话剧，杨绛亦成为一名风华才女，而这时候钱钟书想要写一部长篇小说，杨绛二话不说，退居幕后。写长篇小说需要时间，但在这段时间里，生活定然会越来越拮据，杨绛便辞退了保姆，她一人担负起所有的家务，钱钟书这一写就是两年。

当《围城》完稿写序言时，钱钟书写道："这本书整整写了两年，两年里忧世伤生，屡想中止。由于杨绛女士不断的督促，替我挡了许多事，省出时间来，得以锱铢积累地写完。照例这本书该献给她。"

2014 年，杨绛发表的《钱钟书生命中的杨绛》中说，她这一生最大的功劳就是让钱钟书一生没有丢了淘气和痴气，这是他最可贵之处。

任凭岁月颠簸，杨绛和钱钟书二人的爱情从未变过味道，她是

　　他的支撑，他是她的力量，他们一生满身风雨，却在齐头并进的日子里乐观豁达。从青丝到华发，杨绛的人生中出现过各种各样的人，但在她心里，彼此才是最好的归处。

　　彼此爱了一辈子，还是爱不够的。当一个女人能够成为男人的养料，她首先便是不输于男人，有着旗鼓相当的认知、素养与观念，这是思想与灵魂的共识。爱便在每一次的聊天中变得更加浓厚，他喜欢你的谈吐，热爱你那不凡的见解，也因此，他是爱不够的，且爱得真诚。

　　清代张潮著的《幽梦影》中有语："云映日而成霞，泉挂岩而成瀑，所托者异，而名亦因之。"

　　爱情的因果皆由相爱中的两人相互配合促成，好的配合可成就日月同辉，不好或者不配合，只会造就战场。懂得适时配合男人的女人，纵然做出了牺牲，男人在获得成就的过程中亦是心疼你的，在取得成就之后，便会感恩于你。

　　就像《人生的果实》这部纪录片里的英子和修一。在片中，87岁的英子和90岁的修一过着恬静淡然的田园生活。他们从未觉得日子是清苦劳累的，两个人相互扶持着彼此，日复一日寂静清雅，却不乏味，因为他们做的都是自己喜欢的事情。

　　英子说，这辈子丈夫支持她最多，只要是她想做的，丈夫从来没有二话，所以她在丈夫面前从不遮掩，可以畅所欲言。当然，这是因为英子也从未反对过丈夫，人要做一件事总有要做的道理，便由着丈夫做自己想做的事，正是英子的支持，换来了丈夫的感同身受。他们总是在互相成全着，以对方为先。

当两个人的灵魂自由驰骋在属于自己的路上，每一次回望，皆是对方肯定的笑容，这是对爱最好的诠释：我们相互给机会和支持，让彼此成就自己最好的样子，当一切实现之后，发现我们比之从前更爱了。

有人说："爱就是一场博弈，想要刻画出爱情最好的模样，博弈中的女人和男人就要达成一致，女弱男强或者女强男弱，注定是一场只有一个人的胜利，而这样的胜利实在没有什么价值，只会令一方加深挫败感。最好的博弈是棋逢对手，不分上下，女人懂男人的见识，男人佩服女人的认知，谁都有足够的实力滋养彼此，亦有默契和能力成就彼此，这才是爱最该有的样子。"

杨澜如是说："婚姻需要爱情之外的另一种纽带，最强韧的一种不是孩子，不是金钱，而是精神的共同成长。在最无助和软弱的时候，在最沮丧和落魄的时候，有他托起你的下巴，扳直你的脊梁，命令你坚强，并陪伴你左右，共同承受命运。"

爱情不是说说而已，想要让爱情成为自己最喜欢的样子，就请和他一起成长。相濡以沫，彼此滋养，相互成就，并肩前行。

如果有些关系注定了要分离，那么就好好告别

"分手应该体面，谁都不要说抱歉。何来亏欠，我敢给就敢心碎。镜头前面是从前的我们，在喝彩，流着泪，声嘶力竭。离开也很体面，才没辜负这些年……"

当年，听着这首歌，看了一场电影，结果都把自己哭成了泪人，哭得声嘶力竭，哭得毫无体面。想来，那些和我们一样情绪激动的女人，心中亦是有共鸣的，对于当初那个转身离去的身影，欠着一声体面的"再见！"

现实中的分手，有的是悄无声息地消失，有的是委曲求全地挽留，最令人无奈的还有撕破脸后，两个人冷漠又恶毒地彼此指责和咒怨。但不管是哪种分手方式，平静下来后，皆是挥之不去的伤感和遗憾。

明知感情难以再维持下去，明知结局注定是分离，与其各自无言，不如好好告别，安安静静地跟对方说声："再见，感谢你来过。"给爱情画上一个完美的句号，亦是对曾经那段过往最好的收场。

《前任3》的故事里，相恋多年的孟云和林佳因为一些小事闹

分手，林佳收拾行李收拾得很慢，她以为他会挽留，孟云默默看着，他以为她不会走。可是，她走了，他未挽留。但两个人并未割舍下彼此，可林佳和孟云却固执地认为谁先张口谁就输了。于是，在漫长的等候中，林佳选择了老同学，孟云遇到了王梓。他们再次重逢时想重归于好，却发现一切都回不去了。

既然注定要做两个最熟悉的陌生人，便按照当初的约定好好告别，孟云把自己装扮成至尊宝，站在街上大喊一百遍："林佳，我爱你。"而对芒果过敏的林佳，坐在冰凉的地板上一边哭一边狂吃着芒果。这是他们曾约定好的告别仪式，意味着那段深情已结束，从今往后，各自安好。

也许爱情的结尾总有不同，也许是双方的心都冷了，也许是单方面地不爱了，也许对方做了错事，也许争过吵过闹过。可不管花与水有着怎样的痴缠与悲凉，既然要各奔东西，好聚亦好散，毕竟，你们曾热爱过，曾怦然心动过，曾为了彼此笑过哭过。即使现在不爱了，好好告别吧，因为当我们老了，唯有回忆陪伴着。

席慕蓉曾说："在年轻的时候，如果你爱上了一个人，请你，请你一定要温柔地对待他……若不得不分离，也要好好地说声再见，也要在心里存着感谢，感谢他给了你一份记忆。长大了以后，你才会知道，在蓦然回首的刹那，没有怨恨的青春才会了无遗憾，如山冈上那轮静静的满月。"

那个爱过的人，希望未来在我们不曾出现的岁月里，他依然幸福着，因为和他的遇见，和他看过的月，去过的江南，一生仅此一次，也许在未来会遇到更好的人，但从前的美好无法复制。那段岁月无两，必然教会了我们什么。

偶有一次拨开抖音，看到个极舒畅的画面，视频里一对情侣正分手，男生帮女生细致地收拾着东西，女生把戒指归还给男生，男生帮女生拎着行李下楼，出租车前，两个人微笑着拥抱，她祝福他尽快实现自己的愿望，他祝福她未来无恙，她在车上挥手，他在车外挥手，互道珍重。很快，女生开始了新的生活，大胆追求新的爱情，男生潇洒地朝未来而去。

好好告别，彼此珍重，是为更好地放下，结局完美的故事总能让人尽快投入到新的剧情中，而残缺不全的结尾，令人怅然若失，久久地无法从悲伤中释怀。

余生做个快意的女子，既拿得起，便放得下。被分手而已，果断、干脆一些，拿出你的骄傲和自信，只需一句话："我同意，愿君好走，拜拜。"快刀斩乱麻，取关拉黑，不需要挽留或念念不忘一个不再爱你的人。维持好自己的风度，感情结束时，只有高姿态的那个人才会给对方留下最深刻的印象。潇洒地挥挥手，不带走一片云彩，让他看着你飒爽的背影离去，回荡在他心底的将只有"敬佩"二字。

缘分的事从来没有一个准确的基数，有些人注定是过客，就像一场说走就走的旅行，一场说散就散的青春，既然是要散的，就要散的不拖泥带水。

林欢打算和男朋友王建分手，她好友给出的建议是直接断了跟他所有的联系方式。反正他们不在一个城市，张建联系不到她，自然就明白了。但林欢却并未这样做，她了解他，她若不说清楚，他一定会疯掉。所以，林欢去了他的城市，约在一家咖啡馆见面。见面之时，林欢直接说道："我们分手吧！"张建显然预料到了，他问："为什么？我不想和你分手。"林欢说："因为我不爱你了，咱们好聚好散。"张建有些纠结，但当他看到面前的女人一脸平静的时候，他明白他已经没有机会了。但是他还是感谢林欢对这段感情的重视，对他的尊重。

在恰当的时候选择离开，留给彼此的是体面，你在他心底亦永远是美好的，想必多年后他回忆起，记忆里始终有个你。

《十五年等待候鸟》里写着："人生就像一辆列车，进了站，有人会上车，有人就必须要下车。相伴过一段旅程，该放手时就要放手，这才是对彼此最好的结束。"苍山之下，洱海之滨，我们曾爱得皎月失色、人海尽枯，那是爱，但好好告别亦是对爱的尊重。唐人《放妻书》中的一句话 "一别两宽，各生欢喜" 当是缘尽时最好的诠释。

经济独立，是女人在婚姻中的底气

法国作家西蒙娜·德·波伏娃在她的作品中写道：男人的极大幸运在于，他不论在成年还是在小时候，必须踏上一条极为艰苦的道路，不过这是一条最可靠的道路；女人的不幸则在于被几乎不可抗拒的诱惑包围着，她不被要求奋发向上，只被鼓励滑下去到达极乐。当她发觉自己被海市蜃楼愚弄时，已经为时太晚，她的力量在失败的冒险中已被耗尽。

作为女子，有一个道理，我们必须要清楚明白：无论嫁给谁，都不能消耗余生去成为一个平庸的女人，不能在该努力的时候选择安逸，也不能在该奋斗的时候放弃成长，好走的路千万条，但是只有经济独立才是头等要事。

我们看到过或听到过太多结婚后"闲于家中"的女人，尽管两个人的婚姻幸福美满，物质基础也一直保持得很好。但是，当一个人长时间与社会脱节后，自己将很快失去独自生存的基本能力。所以，不要让自己成为一个只能依附别人才能活下去的人。

在一期《非诚勿扰》中，男嘉宾是个事业有成又成熟稳重的高富帅，他喜爱小动物，声音有磁性，是很多女性都欣赏的类型，可他却说了一句："女人结婚后必须出去工作。"尽管他解释，挣钱不是目的，只是不希望妻子与社会脱节，但女嘉宾还是全部灭了灯。

孟非表示：如果丈夫说结婚就不要工作了，有的女人听了会很感动，但也有些女人不会开心，会认为这是对女人的矮化。

黄菡老师也说，她不会愿意听到丈夫对她说不要出去工作，因为她需要工作，需要被认可。

黄磊老师也发表了意见，他会选择比较柔和的方式，去鼓励妻子外出工作，继续演戏。

灭灯后，有位女嘉宾说出了很多女孩的心声：我能挣钱养活自己，但我更喜欢听到老公说："别工作了，我养你。"女嘉宾们不明白，这个男人样样都好，为什么就必须要让妻子出去工作，而不是尽可能呵护妻子。

黄磊老师说起《简·爱》里的一句话：爱是一场博弈，必须保持永远与对方不分伯仲、势均力敌，才能长此以往地相依相惜，因为过强的对手让人疲惫，太弱的对手令人厌倦。

黄磊老师其实是在叫醒姑娘们，别再自欺欺人，爱情也罢，婚姻也好，两个人在一起不是谁收容了谁，婚姻不过是锦上添花，若想花开得长久绚烂，需要的是两个人共同奋斗，彼此支撑。

选择婚姻，是希望夫妻能牵手至夕阳最后的一抹余晖，这就需要女人和丈夫之间维持精神上的势均力敌、相依相惜。所以，女人需要一份工作。不要放弃自我提升，要时刻保持和提升自我价值。

30 岁，正是享受婚姻的浪漫时刻，但是董明珠却在这个年龄失去了丈夫。婚后的她其实一直在一家国企工作，突然的噩耗让她背负起家庭的重担，还要抚养两岁的儿子。通常，一个女人遭受这样的境遇，会在走出悲伤之后重组家庭，重新找个依靠。但董明珠没有，她可以自己赚钱，她有能力抚养儿子，虽然会比过去辛苦，但她不惧，后来她进入了格力公司，从一名销售员做起，一步一步成为叱咤商界的女强人。

董明珠说："女人，无论你单身，还是已经嫁了个好男人，都不要有依赖的思想。要独立，学会投资，学会理财，不要好吃懒做，不要打男人钱的主意，他给你花是他的事，自己喜欢的东西自己买，这是你的骄傲。"

女人会赚钱，可以增强自己的自信心，更有安全感，在一个家庭中也会有地位感，不让自己陷于被动状态，更不担心被抛弃。但始终，我们是奔着一辈子去过的，女人有了赚钱的能力，在很多时候也是为了维持住我们这个温馨而又充满爱的小家。

就像那些嫁入豪门的女子，她们纵然一时衣食无忧，却不能确保男人们富裕一生，有太多半生富贵一夜潦倒的例子，让她们的豪门生活从金字塔跌落到一贫如洗。面对变故，有些女人因为过惯了安逸的日子，早就手不能提肩不能扛，于是选择逃离；也有些女人虽然嫁入豪门，但从来没有荒废掉自己的学业或不断提升各方面的能力以及维持好人际关系。她们时刻保持着自己的自身价值，也正是这份能力让她们有了撑下去的勇气，一边勉励丈夫重新站起来，一边拼命工作，拯救了一个在风雨中飘摇的家。

有人说："这只能怪她们当初选择坐宝马里哭，非得嫁什么豪门，结果翻车了吧！"可是，无论女人嫁给了谁，谁又能保证一帆风顺？而这也正是女人拥有独立经济能力的意义所在。当另一半遭遇经济危机时，你有足够的能力帮自己的家庭度过困难。

杨澜曾说："女人如果依附了一个男人，她就没有自己的思想。在这个个性使然的环境中，男人也都喜欢有个性有能力的女人。"

你的爱人也有累的时候，他累了，却看到你和孩子在等着吃饭，他只能硬着头皮继续干；他累了，你是他的缓冲带，你有能力让他依靠，他眼里是浓浓的感激和化不开的爱。

婚姻应该是女人的加油站，在满足于爱的同时提升自己各方面的魅力和价值，不仅仅是给自己一个保险，更多的是共同承担起家庭责任，和爱人肩并肩一起奋斗，这是巩固婚姻和家庭的最好方式，彼此成就，彼此依靠。

第六章

成长管理：

世界给你一个牢笼，你要做的就是打破它

杨澜说："在真正看过世界之前，不要急着做人生的重大决定。只有视野宽了，才知道自己想要的是什么。"世界那么大，敢于打破规则，甩开束缚，努力奋斗的女人，更容易被幸福眷顾。

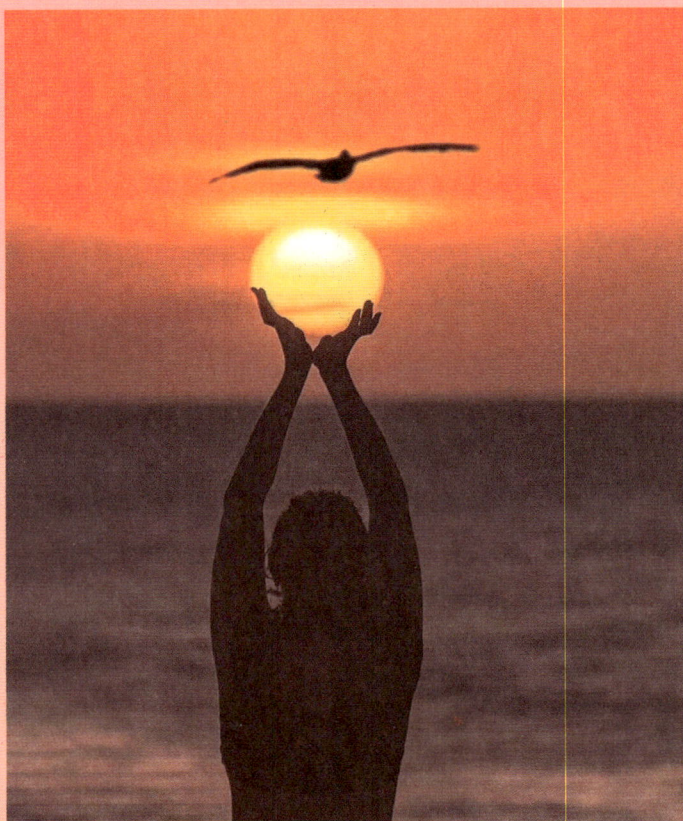

用力生活的你，还记得曾经的梦想吗

　　"喂！姑娘，你还记得曾经的梦想吗？"突然说起梦想，我们又何尝不觉得遥远，好像已经随着人潮淹没在那个叫青春的地方，太久远太沧桑了。我们为了生活而越发用力地活着，在心底营造了一个安全地带，敷衍着迷迷糊糊地活着。没有梦的人生是可怕的，苍白的。

　　亦舒曾说："你可以不够强大，但是你不能没有梦想。如果你没有梦想，你就只能为别人的梦想打工，这一路你可以哭，但你一定不能停。"

　　每个人的人生都是一部鲜活的剧，只要剧未散场，你永远不知道人生会有多精彩。所以，请拾起曾经的梦想，万一实现了呢！

　　《巨流河》是台湾学者齐邦媛的自传，她在书中说，结婚后的四年里她一共生了三个小孩，三个孩子年龄差很小，都很淘气，那时的生活条件也比较差，可想而知那是个多糟糕的境况。孩子多，家务多，齐邦媛只能放弃自己正在追逐的学术梦，在家做个全职妈妈，可这也一度让她崩溃、懊恼，除了尿布就是柴米油盐，这样的生活只让她透不过气来。后来有个朋友请她帮忙代一下课，这让她有了再次接近学识的机会，虽然每天只有几个小时，亦是欣喜的。每次去代课，齐邦媛会暂时把孩子们交给妈妈带，等到夜里孩子们安睡后，她又开始备课、写教案，虽然有时会累，她却觉得心里特别踏实。

后来，齐邦媛终于下决心要把曾经的梦想拾起来，好好为了自己的学术梦去奋斗一把。她不断进修，终于取得了做交换生的资格，去国外深造。在外求学的日子，齐邦媛就像个拼命三娘，没日没夜地学习写报告，当透过窗看到天上挂着的明月，心中的酸涩与苦楚是旁人无法理解的。

为了实现心中的梦想，她踏上了远离家乡和孩子的路，那段岁月是难熬的，是痛苦的，一寸一寸的相思从腐蚀她的思想延伸进了血肉里，那种痛苦与艰辛，只有齐邦媛自己明白。可是多年后，她再望那段岁月，神色平静，眼角含笑，只有感谢，只有一份娴静从容。

重拾梦想说起来简单，但做起来异常困难，那是精神与自我的较量。而生活大体是相似的，世界上之所以只有一成的精彩，九成的平凡，便是那九成把梦想彻底抛弃了。

"那时我们有梦，关于文学，关于爱情，关于穿越世界的旅行。如今我们深夜饮酒，杯子碰到一起，都是梦碎的声音。"诗人北岛亦是丢过梦的人，但对岁月的眷顾，令他重拾起了梦想，去到了他心中的诗和远方。

有些时候，我们会以为从前的梦想有些幼稚又可笑。可是，那时的梦想也最纯粹、最有力量，它远比我们想象的更强大。

有 4 位 58 岁的华发女人，她们穿着芭蕾舞裙在舞台上优雅地舒展自己的舞姿，仅从后背看去，那挺拔与柔韧，更像 4 位年轻的专业舞者。

她们说，跳舞曾是年轻时的梦想，但无奈被搁浅，她们同为退休而苦恼，为生活琐碎而烦躁，直到旧梦复燃，让她们老矣的心得到了救赎，觉得自己突然年轻了很多。当然，家人和朋友一开始并不支持，甚至嘲笑过她们滑稽又笨拙的舞姿，亦觉得这个梦想有点可笑。但是，她们依然坚持。其中一位阿姨说："我们就是要挑战最难的舞种，让所有人知道，芭蕾舞并不只属于专业的舞者，也不专属于年轻人。只要我们愿意跳，无论多久，不管多晚，都可以。"

有梦想的女人，人生是时刻都在蜕变的，朝着既定的方向前进，一步一步实现思想与境界的质化，一路成长一路飞跃，也许过程艰辛，却充实快乐，收获甚多。

林语堂曾说："梦想无论怎样模糊，总潜伏在我们心底，使我们的心境永远得不到宁静，直到这些梦想成为事实。"

曾是主持人的柳岩亦如是说："拥有梦想的人是值得尊敬的，也让人羡慕。当大多数人碌碌而为，为现实奔忙的时候，坚持下去，不用害怕与众不同，你该有怎么样的人生，是该你亲自去撰写的。加油！让我们一起捍卫最初的梦想。"

有期望的人，是不甘于寂寞的，有梦想的女人，总有一种常人无法企及的生命力和胆识，不受规则束缚，不局限在既定的路线上随波逐流。因为她们懂得华丽精彩的人生需要的是追逐与打造，梦想更像一座大钟，时刻响起的浑厚声音，惊醒亦牵引着她们前行的方向。

　　"脱口秀女皇"奥普拉·温弗莉曾说："一个人可以非常清贫、困顿、低微，但是不可以没有梦想。只要梦想一天，只要梦想存在一天，就可以改变自己的处境。"

　　流沙一般的岁月会埋葬许多东西，唯一不变的是梦想，擦干净后一如从前那般珍贵。能够重拾梦想的女人，是令人尊敬和羡慕的，当大多数人选择沉寂自己时，她们依然在坚持，不害怕自己的与众不同，不担忧遭遇的种种困境，因为捍卫梦想本身，人就能获得勇敢无畏的力量。

别让不知道是谁的人，掌管你的人生

女孩子学什么法律，不如学文秘。

你已经 28 岁了，他对你那么好，赶紧嫁了吧！

老板那么苛刻，你干脆炒了他，免得到时候他又鸡蛋里挑你骨头。

你的人生有多少是按照别人为你提供的方向成长的呢？也许在不经意间，我们已经失去对自己人生的掌控权。

人生从一颗种子发芽开始，随着慢慢成长，会生出很多枝丫，在每根枝丫的交叉口总有个声音试图把营养全部牵引过去，但是，想让自己的主干变得粗壮挺拔，想生成一棵参天大树，我们必须心无旁骛坚持自己的选择，掌管自己的人生，不能任由那些枝丫支配或控制着你我的宿命。

董卿自小就喜欢参加一些演讲比赛，也很喜欢唱歌跳舞，梦想是做演员。但是，她的父母有所顾虑，并不赞成女儿朝这个方向发展。成年后的董卿，终究按捺不住心中对文艺的渴望，虽然父母依旧反对，但她还是遵从内心，考入了浙江艺术学院。毕业后，她陪一位好友去浙江电视台应聘主持人，从此开启了她与"主持人"这个身份解不开的奇缘。也许从做选择的那一刻起，已注定了她将成长为主持界的一个传奇。

在我们一生的成长过程当中，父母、朋友、导师，也许可以成为我们一生的良师益友，但不能让他们对人生的解读和对万事万物的评判作为指引你我成长的风向标，可以选择性地去参考，却不能成为我们的"人生导师"。

亦如苏岑在《做自己的女王里》写的："女王，是一种精神的张力，代表一个女人内心对于自我的把控力。她的悲喜不建立在他人喜怒的基础之上，她有能力为自己的情绪和情感负责！"

可欣记得初入职场时，有位职场前辈传授了些经验之谈，说："如果你的履历表上写着你两年内换了三四份工作，只能说明你是个没有定性的女人。所以，别经常换工作。"

于是乎，当可欣发现这份工作并不适合她的时候，她强撑了一年多的时间才离职去找另外一份工作。如今可欣回顾起来，她竟然白白浪费了一年多的时间停歇不前，就因为那句酷似牢笼的"经验之谈"，她把初毕业时最有激情的那一年浪费了。

请不要让自己活成别人思想里的傀儡，无论对方有多优秀，又有多高的成就，那是他们个人的人生阅历和成长，不能照搬全收。我们需要弄清楚自己最真实的想法和感受，明白自己想要的是什么，而不是别人想要你怎么做。拒绝那些潜规则的戏码，遵从内心，才能步步为营，为自己规划出适合的成长方式。

无奈的是生活中似乎处处都在为我们设置所谓"为你好"的人

生谏言。有一段时间，爱说爱闹的林慧突然安静下来，大有要和所有人断绝的倾向。后来，经过很长时间的交涉，她才说她看了一段视频，视频上说："小心你的朋友，这世上没有百分百的真朋友，也许他们只是把你当作可供消遣的人，只要他们愿意，任何人都能替代你的位置。所以，别傻乎乎地对他们掏心掏肺，于人家而言，你不过是哗众取宠的庸人而已。如果，你身边也有这样的朋友，请务必远离。"

就因为这段视频里的话，林慧和大家多年的情分断得干净利落。其实，现在很多网络平台上都有类似的东西，甚至一夜之间就有几十条阅读量过万的话，比比皆赞。

还有一些吹捧"干得少，挣得多"的人生捷径，在网络的包装下，近乎有种人人都能成为大赢家的可能，让越来越多的人放弃努力，沉浸在那些虚无缥缈的理论中，等待他们下一步的指引。

为什么要相信那些平台上素不相识的人给予的指导？他们甚至不了解你是男是女，你却愿意为此放弃自己的判断和感受，被一个广而化之的内容感动得开始怀疑人生。醒醒吧，那些漂亮话除了直戳心灵，只剩单纯的好听而已。

网络上传播的某些东西，有的确实可以填补我们的生活空间，但不应该让其干涉我们的生活，对一些事的判断和解读，应该由自己来决定。

《人性的，太人性的》一书中写道："诸多的条条框框将世间众生束缚住，要求他们的行为举止一定要遵照特定的模式。这些人完全按他人的意志而活，进而丧失了独立思考与行动的能力。他们如同已经死亡一样，按照事先规定好的同一方式思考、与人交际、处理问题。倘若你当真打算自己生活，那就理应跳出世间这些统一的思维模式。"

当我们选择做一件事时，有些人懂你，但大部分人还是会说上那么一两句反对的话，抱着一种看我们笑话的态度，如果我们听了，并认真思考自己是不是真的不该做，那必然是会放弃的。而一个轻易就受别人影响的人，永远不知道自己再坚持一下会获得怎样的成功。

人生有时就像坠进迷雾里，看不清周围有什么，可突然又伸出来很多手，随便哪只手都可以带我们走出迷雾，但具体去什么地方，却不清楚。所以，迷茫、无助时，也别按照别人的剧本去写自己的人生，因为那不是我们的，不过是个复制品。别让不知道是谁的人，掌管我们的人生。岁月之于女人多少有些苛责，我们的时间和精力都非常宝贵，想要更好地成长，就要捏碎那些虚幻的枷锁，活出自我。

人到中年，还去寻找人生新的可能，真的很赞

　　岁月如沙，风霜过后，满是疮痍，这大概是对中年女性最残酷的评价。到了中年，不再有年轻时的执着，也不再那么较劲，那么有激情，经历过纷杂世事，几多风雨，心态显得平和温静，亦能包容一切。总觉得人生既已过半，凡事总有结束，时间会悄悄带走很多东西，就不再匆忙追赶了。就像那句谚语说的：人到中年万事休。可人到中年不是只有岁月静好，这种说法实际上只是从众心理，有失偏颇且悲观，并不代表天下的女人都是如此，总有些不按常规出牌的人，即便是人到中年，依旧能亮出一手好牌，令人点首称赞。

　　2004 年，倪萍因为要照顾生病的儿子，不得不离开她心爱的主持行业，这一走便是六七年之久。在那几年的劳累奔波中，一边在国外照顾儿子，一边赶航班回国拍戏。好在后来儿子的病好了，但是倪萍胖了，也苍老了很多。

　　年近 50 岁的倪萍决定要做一些从前未做的事情，她打算去拍电影，去写书。2010 年，倪萍撰写的《姥姥语录》以朴实又真挚的语言感染了很多人，并获得冰心散文奖。

倪萍说："到了我这个年龄，所有的作为都是由衷的，年轻时会为了不可能的事情去奋斗，到了我这个年龄，就是你愿意干吗就干吗。我掂量了一下，我目前愿意干的，画画是个比较主要的事吧。"之后，倪萍便把往后的时光多用在了画画上。

步入中年的倪萍，也许时间改变了她的身材和容貌，却让她寻找到了人生新的可能，重回芳华。岁月的确令人烦恼，但倪萍眼中的那份聪慧和优雅更闪亮了，她为岁月平添了一份无惧的淡然和勇气。

我做不到一直在年华里保持美丽，却依旧可以做些改变，活出新的自己。人到中年，依然可以活出不同常人的光彩，真心佩服。再想起那句恶俗的言语，"男到中年一枝花，女到中年豆腐渣"，那是多么贫穷与浅薄的见识。

人到中年而已，只不过失去了一些可有可无的东西，只要心中星火未灭，人生就可以继续精彩！

实力女演员刘敏涛获得 2018 年《人物》"年度专业面孔"奖，她以一身白色修身西装站在盛典舞台中央，以一席"中年的叛逆"静谧了全场，讲述步入不惑之年的她因"叛逆"获得了新的自由与开阔。

刘敏涛说："循规蹈矩、随波逐流的生活并没有给我带来预期的幸福，反而让我在本该神采飞扬的大好年华，活得卑微而苍白，那不如就做我自己、靠我自己、放飞自己、成就自己，随心所欲地去冒险去生活，试试自己的极限到底在哪里……生活的旋律不再是永恒的田园牧歌，中年叛逆来势汹涌，如同一张无形的手，推着我去挖掘自己更多的侧面。比如说现在的短发，还有几天前参加活动的一个露背装，这些都是我以前不敢尝试的。但是现在我尝到了'叛逆'的甜头，心中愈发觉得开阔和自由。"

人到中年却活成了"叛逆女孩"，并且十分享受"叛逆"带来的感知，让生活变得充实而美好。刘敏涛给我们诠释了一个完全不一样的中年人生，她说："我今年40多岁了，不管是好的坏的，该有的幸福感也好，该有的挫败感也好，我都体验过了，一切都恰到好处。而这种叛逆说到底是什么呢？是我自己对自己人生的掌控感。"

每一个中年女人都可以再拥有属于自己的光影，抛去虚无的定论，用心去生活，人生终会出现新的高点。也许岁月依然蹉跎、无情，当薄待的是年轮，厚待的是人生。纵然韶华已逝，心不死，照样把生活过得风生水起。

曾听一位朋友说："我快50岁了，我的前半生有太多牵强的微笑，可秋叶依旧无法掩盖我那颗依旧炽热的心。人到中年，我上有老，下有小，虽然有很多无奈，但总有时间做些别的事情。我对过往偶有淡淡回味，对未来却依然充满憧憬，谁说到了中年的人就得去跳点儿广场舞？我反而认为中年的人生才是'黄金时代'。"

人到中年，激情依旧，是令人敬佩的。任何年龄段都懂得投资自己的女人，即便头发有了些花白，却依然不放弃积极的生活态度，学习绘画、古筝、游泳、书法等等能让生活变得有趣味，让人生依然有亮度，时光也变得小心起来，悄悄经过她的身边，慢而轻，温而暖。

　　秋色濒黄，是沁人心脾的凉，也许腿脚慢了，面容苍涩，但女人的心最不能老，请再次为人生做一点突破，有所改变的人生才会不负岁月的馈赠。起起浮浮几十年，酸辣苦涩甜皆已尝遍，但还有几个十年在等着我们，青山不改，我们要活出不一样的精彩。

选择了安逸舒适，就不必羡慕别人的精彩

　　她突然想过安逸的生活，于是辞掉工作，开始享受朝闻暖霞，夜半笙歌，过简单而舒适的日子。一开始她感觉轻松闲逸的人生特别美好，但不到三个月，她开始变得消沉寡欢，她说："我从来没后悔过当初的决定，但是每当我看到朋友圈里的动态，看到朋友们依然在拼搏努力，穿梭在人潮人海中，我就止不住地羡慕，我不得不怀疑太舒适的生活是不是一种堕落，这让我越来越不自信。"

　　有人想要活得轰轰烈烈，有人想要活得轻松自在，不过是选择的生活方式不同罢了，既然已经做好了选择，就安心地过自己的小生活，把日子能过成一首平静的诗，亦是一种能力。

　　有着硕士学位的企业白领谭爱林突然辞职，她带着儿子回到了老家衢州市衢江区莲花镇大墩村生活，对于这样一位优秀的女子突然做出貌似归隐的举动，朋友们有些不理解，谭爱林却说："我更喜欢带着孩子住在广阔的农村，边做代课老师边带孩子，如今孩子表现好，爱人在城里也能安心创业，我认为相夫教子是最好的职业。"

　　从车水马龙之中抽身归于平凡惬意，谭爱林并不觉得有难度，

既然做了选择，那就好好生活。一座房子，一个院子，有孩子的嬉笑追逐，每日叫醒她的是几声鸡鸣，吃着时令新鲜的果蔬，这样的日子安稳舒适。白天，谭爱林送孩子们去学校，她在当地小学代课。晚上给院子里的花果浇浇水，带孩子去田间散步，好像那段辉煌灿烂的过往已是前世的事。

谭爱林说："我爱上了这里的田野和清新的空气，我觉得那里是最适合我和孩子生活的地方。在杭州上学不可能整天陪孩子，孩子的琐事也会让养家赚钱的爱人分心。"

莫言曾说过："人，来到这世上，总会有许多的不如意，也会有许多的不公平，会有许多的失落，也会有许多的羡慕。你羡慕我的自由，我羡慕你的约束；你羡慕我的车，我羡慕你的房；你羡慕我的工作，我羡慕你每天总有休息时间。"

我们当下安逸舒适又惬意的生活，又何尝不被人羡慕呢？你看，有那么多的人疲于奔波在灯红酒绿中，那一座座高楼大厦既是向往又是惆怅，谁都想要过一种淡泊宁静的生活，却又不得不在看似精彩的一座城中寻找人生因果。

在很多人看来，你勇敢地选择了安逸，亦是寻常之人难以做到的，亦如《断章》中写的：明月装饰了你的窗子，你装饰了别人的梦。别人对你的生活不知有多羡慕呢。

生命的形式有很多种，过自己喜欢过的日子，就是好的活法。精彩的人生不只有奔放，还有静怡，坚持心中能让自己最舒适的一种活法，不去羡慕别人的辉煌，不去嫉妒别人的美好，因为我们所享受的亦是尘世中的美妙，这在本质上没有任何区别。

就像三毛在《哭泣的骆驼》中写的："人的环境和追求并不只有那么一条狭路，怎么活，都是一场人生，不该在这件事情上谈成败，论英雄。"

有些人为了体现自己的价值而拼命努力，那是一种追求；我们选择安逸舒适，同样是一种追求。选择是生活的智慧，能够适应自己选择的生活，才是一个人能力的表现。或远方的风雨兼程，或安逸的宁静致远，皆是内心的成长。当你看到那些在风雨中奔跑的人时，你手中的伞，徐徐而行的步子，与烟雨浪漫的邂逅，同样是对岁月韶华最好的敬意。毕竟，很难有人能在好的年华保持心中的淡泊宁静，去过一种安逸美好的生活，在四季的轮换里一直静静地度过，这也是一种好的人生啊。

远离尘嚣置身田园的李子柒，她的安逸舒适展示了人世间最朴实的烟火生活，勾动了每个人心灵深处对人生最真实的渴望与期盼，却没有几个人敢于去尝试。因为，由俭入奢容易，但是由奢入俭却很难。选择安逸舒适，不是每个人都能做到，也正因为此，人的生活才有了高山与丘陵之分，因层次不同各有各的精彩。

也许安逸中的淡泊无法给我们带来很多惊喜，却可以滋养我们的心灵，当有一天我们能真正释怀名利，既能欣赏乘风破浪，又甘于平淡，这才是人生的至高境界。

人活一世，平淡是最后的绝唱，能够在生活中做到安然享受惬意和舒适的女子，于心，素如简、静如水、淡如菊，不浮不躁，不争不抢，做一个淡淡的女子，过淡淡的生活，从骨子里透出来的矜持与从容，亦是一个女人内心世界的丰盈和成长。

　　至于世人常说安逸等于放纵，别那么认为，我们既然做出选择，我选择安逸亦是对自我人生之路的认可，你过你的追逐与奋进，我有我的追逐与宁静，选择不同自然不相为谋，没有谁比谁高尚，只是选择了不一样的人生而已。

　　人生不长，行我所知，同样路远。既然你我已经置身在"结庐在人境，而无车马喧"的宁静之中，又很享受"采菊东篱下，悠然见南山"的情调，又获得了"久在樊笼里，复得返自然"的自由，不如就好好按这个节奏生活。

任何人任何事都不应该是你成长的阻碍

董卿曾说："我喜欢莫泊桑的那句话'生活不可能像你想象的那么好，但也不会像你想象的那么糟。我觉得人的脆弱和坚强都超乎自己的想象。有时，我可能脆弱得一句话就泪流满面，有时，也发现自己咬着牙走了很长的路。'"

毕淑敏在《心灵密码》中写道：你不能要求拥有一个没有风暴的人生海洋，因为痛苦和磨难是人生的一部分。一个没有风暴的海洋，那不是海，是泥塘。

"成长"是个会痛的词，同时也是个很轻的词，就像食物可以提高我们的身体机能，但首先我们要去吃它。人生的路本就是由大大小小的问题缠绕而成，但凡想要站得更高看得更远，就必须有突破问题的勇气。其实勇气同样是一个很轻的词，英国小说家毛姆说："人生实在奇妙，如果你坚持只要最好的，往往都能如愿。"不放弃成长，才能拥有更好的，坚持才能如愿，想要成长的人，整个世界都会为他让步。

1965年，华莉丝出生在索马里沙漠的一个游牧民族部落，华莉丝寓意"沙漠之花"。华莉丝 4 岁的时候遭到恶人侮辱，这让父亲认为是因为女儿还没进行割礼。5 岁时，华莉丝便在没有任何医疗设施和麻醉药剂的情况下，被一位老妪拿着冰冷的刀片实施了割礼，她遭受了极大的痛苦和摧残，甚至差点因为高烧丢了性命。而她那位 8 岁的姐姐正是因为割礼失血过多死去的，还有一个姐姐因为割礼后的生产不顺利，失去了生命。

12 岁时，父亲打算把华莉丝嫁给一个老头子。华莉丝再也无法忍受，于是就在母亲沉默的注视下，奔向沙漠，险些被狮子吃掉，终于到了住在摩加迪沙的外祖母那里。

后来外祖母介绍华莉丝在索马里驻英国大使夫人的姨妈那儿当起了佣人，并努力争取到了随同他们去英国伦敦的机会。但初到那里不久，他们又要返回索马里，华莉丝不想回到那个梦魇的地方，就偷偷跑了出去，沦落为伦敦街头的一个乞丐。为了活下去，华丽莎吃过垃圾桶里的东西，睡在马路上。

后来，她被开服装店的玛丽莲收留，并在一家快餐店做清洁工。摄影师唐纳森在这家店就餐时注意到正在拖地的华莉丝，被她不同寻常的美深深吸引，他邀请华莉丝做他的模特，一句"做模特总比做服务员强"让华莉丝开始了她的模特生涯，且靠着自己的努力迅速走红时尚圈，成为有史以来第一个登上《Vogue》封面的黑人女模特，还为一些世界顶级名牌拍过广告，并出演了系列电影。

早在 1997 年，华莉丝就已悄然退出霓虹闪烁的舞台，成为联合国大使，投入到反割礼运动中。在她的倡导和努力下，28 个国家先后废除了割礼这个传统。华莉丝成为盛开在沙漠中的希望之花。

华莉丝没有因为获得的风光而忘记曾经的痛苦，她的自传《沙漠之花》迅速畅销全世界。2009 年《沙漠之花》同名电影上映。

一株花想要长大，盛开出不一样的芳华，成长的过程中总会遇到这样那样的问题，如果觉得风太利，吹来的沙砾打在身上太疼，就放弃成长，那等不到盛开，就萎谢了。

亦如杨澜说的："作为一个女人，你可以不成功，但你不能不成长。也许有人会阻碍你成功，但没人会阻挡你成长。"

吉田穗波是一名妇产科医生，平日里的工作非常繁忙。她曾因为大女儿患气喘而忙得焦头烂额，但是她从来不认为孩子是她人生的绊脚石。

大女儿两岁，老二两个月的时候，吉田穗波准备去哈佛学习。她只用了半年时间，就获得哈佛的录取资格，而且这期间她又怀上了孩子。后来，她和丈夫带着 3 岁、1 岁和即将两个月的孩子踏上出国留学的路。仅两年时间，吉田穗波就拿到了哈佛学位，而那时的她又再次孕育着新的生命。返回国后，吉田穗波一边养育四个孩子，一边又取得了名古屋大学的博士学位，并成为保健医疗科学院的主任研究官。随着她的著作《就因为没有时间，才什么都能办到》出版，又迎来了家庭第五个新生命的到来。

在吉田穗波的意识里，五个孩子都是上天赐予她的天使，所以她格外珍惜，她不会像有些母亲，把孩子当作一个隔板，隔绝了自己与这个时代的融合，或把孩子当成绊住自己前行的山峰。

吉田穗波恰印证了罗宾·夏玛在《死时谁为你哭泣》中写的：不是因为某件事很难，你才不想做，而是因为你不想做，才让这件事变得很难。

人的意识非常奇妙，但凡把问题复杂化、困难化，就很难逾越问题本身，最终不得不放弃。但是，从一开始就认为问题不是问题，甚至忽略不计，所有的阻碍往往会烟消云散，人也会变得积极乐观，跨过去不过是迈一步而已。

生养孩子虽然会让女人付出极大的时间和精力，但孩子不是阻碍我们前进的绊脚石。好好享受养育孩子的过程，既来之则安之，属于自己的时间和精力自然而然会匀出来。

无论是含着金汤匙出生，还是生在穷乡僻壤，从支撑双腿站起来的那一刻起，成长就是个人的历程，一切看似艰难的外在因素，不过是成长路上必须经历的磨难，别把它想象成一座巨峰，能影响我们止步于前，还是继续推进梦想的，只有我们自己，跟其他人或事没有任何关系。

每个女人都可以成为永生花，在这个虽然激进又宽容的时代里勇敢成长，那些看似能阻碍到我们的人或事，在一颗坚强的心面前不过梦幻泡影，坚持自己所坚持的，即使是荒漠之花也能分泌出不一样的芬芳。

命运要你哭，你偏要活得阳光明媚

在海边，突然响起一声贯彻天际的呐喊，一个披着纱巾的姑娘对着晚霞映照下的大海喊道："你有什么了不起的？你就是个不敢露面的混蛋，瞧我好欺负是不是？你既然这么喜欢折磨我，我偏偏不如你的意，我就是要让你看看，我会越来越好，该死的老天……"

听那姑娘的呐喊，就知道那必然是个不错的姑娘，虽然正经历一些悲伤，但没有向命运低头，她勇敢地向命运宣战，想必未来的她一定会收获一场明媚阳光。

说起命运，最是令人捉摸不透，它像个调皮的小鬼，很擅长捉弄人心，总在我们最开心的时候泼下一盆凉水，或是火上浇油。但是，再苦，哭过之后也请务必坚强起来。命运这小鬼最怕的是阳光，倘若它让你哭，你就做出一副"我还不错"的状态，就算打掉牙齿也要笑，装出阳光灿烂的劲儿来，命运只会向强者低头，慢慢妥协。

范肖霞是安徽省安庆市迎江区的孝老爱亲的典范，她的人生要从 30 年前的一张诊断书说起。1988 年，范肖霞生下了女儿刘璟，可 10 个月后，这个为全家带来欢喜的孩子却被医生诊断为"脑瘫"，并断言孩子最多活到 5 岁。面对命运的这当头一棒，范肖霞痛苦过，但她还是不分昼夜地精心照顾孩子，她说："生死在天，我相信，女儿不会放弃，我更不会轻言放弃！"

3 岁那年，刘璟又被确诊重度肺炎，一连被下了几次病危通知书，面对噩耗，范肖霞说："那段时间就像一个漫长的黑夜，感到自己走在黑夜的路上，好像没有尽头。"医生劝她别抱太大希望，但范肖霞一声不吭，好在女儿挺了过来。在范肖霞细心照料下，女儿刘璟打破了医生当初的断言。但命运似乎还是不肯放过这个女人，范肖霞的公公患了痛风，年纪大了脑子也不好使，范肖霞只好一边照顾女儿，一边分身耐心照顾老人。

范肖霞说："其实有时也想有自己的空间，做点自己喜欢的事，但一想到家庭，就忘记了一些个人的想法，也许这就是家庭的力量吧。"

女儿刘璟在妈妈的陪伴下，从不觉得自己有多不幸，她没有辜负妈妈的辛苦培育，只有三个手指能动的她考上了大学，妈妈背着她完成了学业。大学期间，刘璟非常优秀，每年都会获得一等奖学金和国家励志奖学金，还靠自己独自翻译出版了一部英文小说，并获得了全国大学生职业规划大赛总冠军。毕业后，她靠着写网络小说，不仅能养活自己，还能帮妈妈分担很多。孩子长大后，范肖霞也有了属于自己的时间和空间做一些自己的事情。对于未来，范肖霞说："我不管明天怎样，我们一家人一定会将今天的每分每秒过好，这样明天才有希望！"

《肖申克的救赎》里有一句话："强者自救，圣者渡人。"

第六章　成长管理：世界给你一个牢笼，你要做的就是打破它

在命运面前，也许我们显得卑微且渺小，但在强者面前"我命由我，不由天"，不信服命运的女人，面对再大再多的苦难，依然心存希望，面带期许，认认真真对待生活，让命运自感羞愧退缩。

莎士比亚如是说："在灰暗的日子中，不要让冷酷的命运窃喜；命运既然来羞辱我们，就应该用处之泰然的态度予以报复。"

在一期《奇葩说》中，傅首尔讲起自己的故事，她出生于单亲家庭，因为家里条件较差，跟妈妈睡在粮仓里，那时她很少见妈妈笑。后来，凭着她的努力，变成了现在小有成就的人。但多年以来，她从未向妈妈抱怨过生活中遭遇到的一些不开心的事，因为她清楚妈妈那种帮不上忙的愧疚感。谁的生活没有命运的捉弄呢？但是，傅首尔会不停地对自己说："我过得挺好。"当命运给了我们当头棒喝，让生活无路可退之时，当我们在泥沼中翻滚，连哭带爬时，一定要笑，因为能大笑的人才能是最佳演员，不管是不是真心的，都要笑，笑出声音来，磨难才会怕我们。傅首尔说："是过得不好，要拍一拍肩膀说，其实还可以啦。是痛彻心扉，要握一握拳头说，一定都会好起来。"

人的心里得有信念、有底气，所谓那些被命运击垮的人，就是把心中的那口气散了去，才被命运扼住了喉咙。万事万物都有一个特性：欺软怕硬。女人不是弱者，挺直腰板，哪怕是指着天喊，跺着地吼，也要对命运大胆说"不"。

文学家叶嘉莹半生颠沛流离，她眼看着至亲一个一个被命运夺走，虽悲痛万分却未被击倒，她努力让自己振作起来，从喜爱的诗词之中获得力量去与命运对抗。她说："命运把我放在哪里，我就

落在哪里，就在哪里开花。"从容如叶嘉莹，尽管命运视人如蝼蚁，她亦无惧无畏，笑看人世沧海风云。

毕淑敏在《握紧你的右手》中写道："我不相信命运，我只相信我的手。我不相信手掌的纹路，但我相信手掌加上手指的力量。"

与其信命，不如信自己，命运这种东西三分靠天七分靠人，所以命运最终是握在我们自己手里，人生如何改写，且看自己怎么下笔。

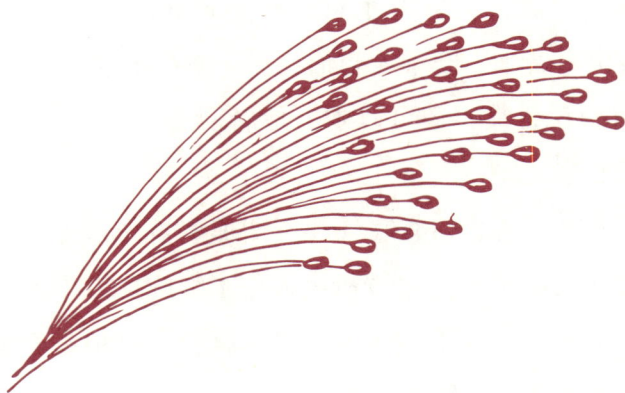

你的认知与眼界，决定你人生的境界

作家白落梅执笔倾言："直到后来，才明白，每个女子都要经历一段热烈的过程，才能显露她非凡的美丽与惊心的情怀……世间百态，必定要亲自品尝，才知其真味；漫漫尘路，必定要亲力亲为，才知晓它的长度与距离。"

认知与眼界，决定一个人的人生境界。境界的高低，决定我们将以什么姿态与世事角逐。故而，一个女人的认知与眼界达到什么程度，她的生活就会是什么样子。

林徽因是从繁华中走来的女子，她年少时便随父亲出国游历，毕业于美国宾州大学美术学院，见多识广，眼界开阔。但是战乱让这位优秀又美丽的女子经历了她一生中最难熬的一段时光。在那些年的奔波里，林徽因在写给沈从文的信中说道："由卢沟桥事变到现在，我们把中国所有的铁路都走了一遍，带着行李、小孩，侍奉老母，由天津到长沙，共计上下舟车十六次，进出旅店十二次。"在这之前，林徽因是十指不沾阳春水的大家闺秀，到后来却是能亲力亲为烧水做饭，沿街买菜，甚至爬上屋顶修葺房子，她与那平常农妇无甚分别。但是，尽管那段时光无比艰辛，她亦能耐得住寂寞，忍得了困苦，过得了平凡，拖着病体耐心照顾一家老小，且自得其乐。

有认知高度和眼界的女人，自有其格调。旁人眼中，也许她们显得独树一帜，但她们心里却珍藏着一个锦瑟清透的小世界，像高山流水一般旷然，像桃花源一样静谧。

不为无谓的世事争辩，不刻意张扬自己的骄傲，优雅恬静的气质就此自成素养。在一次综艺节目中，著名演员韩雪说："我喜欢看过世界的男生，不喜欢对世界还蠢蠢欲动的男生。"她的这个择偶标准一时间成为热议话题，皆不太懂这句话背后的深意。韩雪解释道："因为只有读懂过生活，看过世界，你才会珍惜眼前所拥有的东西。"

现场嘉宾苏芩对韩雪赞叹不已："这就是见过世面的女人的择偶标准。"

一个见过世面的人，会有足够的认知与眼界，自然明白自己想要的是什么，又清楚自己适合什么样的生活，而不会让自己陷入生活的苟且之中。

张德芬曾在《遇见未知的自己》中说："我们现在就像一群穴居人，在洞穴之中，为了抢夺火把而拼得你死我活，却不知道，只要步出洞外，我们有取之不尽的太阳能！将自己的眼界拓宽，你会发现，生活中的很多争执和抢夺都无关紧要。因为你的未来，不止于眼前。"

杨澜同样认为当代女性应该具备大格局和大视野，应该有独立的人格和价值判断，唯有活到老，学到老，有认知有眼界，女人才不负此生锦绣年华的岁月。

亦如她当初的选择，20世纪90年代，那是个既艰辛又出新的年代，那个时代的人若能有一份收入颇高又类似铁饭碗的工作，当是一件最幸福的事，而那时的杨澜正站在《正大综艺》的舞台上直达人生巅峰，可她却选择去国外留学。所有人都感到诧异，但她已下定决心去哥伦比亚大学攻读，她要进一步扩充自己的认知和眼界。

杨澜之所以做出这个选择，是因为她参加了咱们国家的第一次申奥，那次扎心的经历让她觉得自己就像一只井底之蛙，对外面的世界了解太少了，这让她觉得很不安，也动摇了她一直以来的骄傲和自信。

杨澜回忆起那段留学经历，她说："尽管我之前在北京外国语大学的本科阶段读的是英美文学专业，但是到了国外，却依然能够感受到在阅读量、写作量和语言上的巨大挑战，每天也依然要熬夜学习到凌晨2点钟左右。"她用"辛苦"二字概述了整个的留学生涯，但那时的她就像一块聚能磁铁，疯狂地吸纳知识，扩展自己的眼界，提升各方面的能力。待重回国内，杨澜大展拳脚，实现了人生的又一次蜕变。

约翰·费恩曾说过："大多数玩家从被群体接受或者从对群体的归属感中得到快乐。然而，好的玩家从他应付游戏里各种局面的能力中得到快乐。"

人生好的玩家追求的是更深一层精神世界的满足，即使现在的生活满是美好，也不会就此安逸于现状，因为他们眼界太宽，认知太广，心里装的是满天星辰与浩瀚的海洋，亦明白世事无常，有太多的无法预料，所以要不停地增加自己的砝码，以从容应对人生的无常。

如果我们不愿抬头仰望别人的星空，那真的会让自己变成一个怨妇，所以往山上爬吧，上山的路虽然有点吃力，但依然会有美景相伴，有境界的人生从来不是寂寞的，我们将会收获一路的春华秋实，也越发渴望山顶的璀璨。即便我们停在了半山腰上，也会发现生活原来可以有千万种样子，人生不只是现实与疮痍，还有很多我们未涉足的美好与远方。

就像有人说的："人生最高的境界是心如止水。"想要做到无事扰心，无物绊身，从容淡泊，做到真正的知足常乐，那必然要阅尽天下，看透万事。所以，积极去开拓自己的认知与眼界，方能成就更好的自己。

再多的险阻，也要按自己的意愿过一生

当我们开始有一定的能力可以掌控生活后，兴奋地制定了一张计划表，希望按照那张表上的顺序去过完一生，可生活偏偏就不让我们如意，总在前进的路上设置各种险阻。

有人说："一个人能否成为人生的舵主，全看他是如何面对险阻的。"能够把日子过成诗的女人，柴米油盐亦是一种耐人寻味的烟火；轰轰烈烈，看尽人世繁华，却依旧享受激流暗涌的女人，挤公交、追地铁，亦是乐此不疲的。"高山阻不住热血，阔海拦不住赤诚"，再多的险阻，我们也要按自己的意愿过一生。

戴尔·卡耐基如是说："当你奔走在追求的路上时，千万不要和自己过不去，要按照自己的意志去做你想做的事，爱你想爱的人，成就你想要的事业，这样的人生才没有遗憾。"

宋佳怡是个热爱生活又极喜爱旅游的女人，她最初给人生的规划是在有生之年能够走遍中国的每一座城市，尝遍全天下的美食。后来，她结了婚，有了爱人，有了孩子，有了家需要她照顾。也为了能更好地照顾孩子，她辞职在家里做起了全职太太。从此，她没有时间再去旅游，甚至不敢看任何关于旅游的节目，不敢翻朋友圈，也不喜欢看那些以旅游为背景的综艺节目，因为她特别害怕那种想做又不能去做的挫败感。

虽然宋佳怡有个爱她的丈夫和可爱听话的孩子，衣食无忧，生活几近幸福，但是，她时常会感到有一点失落，尽管生活美好，却总觉得自己的人生尚有缺失。

我们之所以觉得人生还有缺憾，是因为我们所做的事违背了自己的意愿。为什么会改变自己的初衷，其原因大多是冲动，或者被世事所迫，代价是，我们心中将永远有一种无法砍掉的悔恨。伤心、失落、无能为力，它们将陪伴我们走完接下来的路，是再多幸福也抹不掉的痛。

人生就是一场自己与自己的恋爱，当我们按照内心的意愿为自己设计了一条路线，其他的就都成了将就，但我们不能将就，虽然那不见得是一条多好走的路，可毕竟是我们的意愿，在还没有放弃时，就不能随便退场。

正如《生命中最简单又最困难的事》一书中所写的："我们可以浪费时间，但不可以浪费生活。我们可以把时间浪费在自己喜欢的事情上，但不可以困在自己讨厌的生活方式里。"

46 岁的女演员俞飞鸿，至今被人们赞为惊鸿仙子。作为一名演员，她热爱自己的职业，极尽所能地演绎好每一个角色，却在演艺事业的巅峰之时选择隐退。但俞飞鸿毕竟是一位漂亮又优秀的明星，有着不容忽视的明星效应，所以她依然备受关注，可是她不爱自拍，没有微博，也不爱参加真人秀，她只喜欢在自己的世界里享受时光荏苒，谈到此时的状态，她说："像我现在，唯一能促成我做什么，或者不做什么的，就是我的意愿。我不一定什么都要拥有，但我有权利说不。"

真实的俞飞鸿从来不会为了事业、生活和爱情去放弃什么，她只选择能令自己最舒服的状态，她对自己的职业极度负责，但同时她依然保留着对这个世界的好奇心，她去草原看星星，去大洋彼岸自驾游，未来还会去跳伞，会踏上去南极的路……俞飞鸿之所以有底气说自己可以按意愿生活，不是出于野心和能力，而是她从未改变初心，再多的险阻，她也只会按照自己的意愿过一生。

傅首尔亦是个快意的女人，凡是她愿意做的事情，从不在乎有多大险阻，她说："我生活中不是轻易想做一件事的人，但如果我想做一件事，对方说我哪里不行，我就会找方法一定要把这件事做到。"

香奈儿的创始人加布里埃·香奈儿曾说："一个女孩应该拥有两样，她自己和她想成就的。"

亦如专栏作家连岳说的："如果一个人不及时按自己所想的去活，那总有一天会按照自己所活的方式去想。"

别人的生活，我们无法干预，也无权干预。但我们该怎么活，是自己的事，按自己的意愿去活，即使不确定能否做到，也该朝着那个方向去努力。就算在未来的某一天，我们发现自己走错了，却可以自豪地说："我尝试过了，知足了，无怨无悔。"

女作家王潇在她的著作《按自己的意愿过一生》中写道："让我们闭上眼想象自己的八十岁，皱，瘦，衣襟飘荡，精神抖擞，聊起来最好是吃过见过的笃定。如果从那天回望，我们必须告诉现在的自己：'你的血是灼热的，一直都是！按自己的意愿过一生，因为你值得用一辈子去赢得做自己的权利。当你遇见煎熬，绝望，奇迹，战友，宿敌，你都别忘，这是你自己的意愿，你发了誓。'"

是，我们发了誓的，人这一辈子不就是希望能按照自己的意愿过一生吗？所以，要选就选一条无悔的路。

第七章

气质管理：

优雅老去，远离患得患失

靳羽西女士说："气质与修养不是名人的专利，它是属于每一个人的。"气质是女人征服世界的利器，哪怕容颜老去，也决不放弃美丽，活得潦草。活得精致，是女人一生的追求。

女人最高级的炫富，莫过于年龄成谜

女人最高级的炫富，是让年龄成谜。若论哪种女人最有魅力，魔镜会说："敢指点岁月的女人。"时光荏苒，容颜依旧、风姿绰约、气韵犹存，不屑于年轮，依然如一株温文尔雅的百合花，不躁不争，于平淡中令各路莺燕失色，这才是一个女人莫大的尊荣。

舞蹈家杨丽萍的身上总有一种浑然天成的神秘气质，她的舞姿翩若轻妙，一袭华裳一只独舞，美得就像不食人间烟火的仙子。

她曾在微博上晒了张照片，且配文："这是我的背影吗？有点陌生。"

照片之上，白纱裙再美也成了点缀，杨丽萍那白皙而又纤细的后背平滑紧致，曲线娇曼，腰肢纤柳，仅凭这张照片实在看不出主人的真实年龄。

反而是网友坐不住了，纷纷留言："杨老师的美不似人间有啊！""羡慕啊，这哪儿是花甲之年？""奶奶的年龄，少女的身材。"

花池之上，长裙撒地，双腿霸气地分而踏地，61岁的她依旧是那般风情万种，整个人动若惊鸿，静如冰原之花。有人说，哪里有杨丽萍，哪里就是她的舞台，她只需站在那里，自让人有一种失色之感。她的皮肤依然如少女般光滑白皙，她随性而亲和，自然而然的美令人舒适又向往。

"北方有佳人，遗世而独立。一顾倾人城，再顾倾人国。"最令人痴迷的女人不是在最好的年华拥有怎样的骄傲，而是终生都拥有能够傲视百花的资本。在岁月沧桑之际，依然有如花的容颜，如柳之姿，如梅的傲骨，以及如少女般的情怀。

想象一下，80岁左右的老奶奶在我们的概念中应该是一个什么样子？莫不是白发苍苍、皱纹横生、步履蹒跚，甚至拄着拐杖……但是，在2019年的《中国达人秀》上，一位叫汪碧云的女士，颠覆了所有人对于古稀老人的认识。

舞台之上，一位看上去非常有活力的女性，与舞伴演绎了一场热情奔放的拉丁舞，几个高难度旋转，劈叉动作，获得在场嘉宾热烈的掌声。但是，当她说出"我叫汪碧云，今年78岁，来自深圳。"时，全场一片哗然，纷纷表示不可置信，她最多看上去只有50岁。

沈腾说："我感觉金姨（金星）受到了挑战。"

金星说："看完阿姨的身材，今晚不吃了。"

沈腾说："就这种精气神，不应该叫阿姨，应该叫姐姐！"

杨幂说："其实这个年纪，应该叫奶奶，但还是想叫小姐姐。"

女人无论是有卓越的才能，还是有花不完的财富，又或者功成名就，但最终羡慕的还是那些冻龄女子，站在那里什么都不用说，便散发出遗世而独立的气场。

　　能够反杀岁月的女人，是令人羡慕的，她们身上那千金难换的容姿与魅力是多少女人散尽钱财、吃尽苦头也难以企及的。她们的脸上、身上鲜少有时光的斑驳，从神态和气色上看不出岁月的痕迹，优雅而知性，没人能猜出实际年龄，却折服于那由内而外散发的朝气，仿若二八年华的姑娘，有活力又自信，这才是真正温柔又无法反抗的秒杀，"我不动声色，却已令旁人自愧不如"。

　　不老女神赵雅芝，当她出现在《我们来了》节目中，引起大批吃瓜群众惊叹，年过半百的赵雅芝依然是人们记忆中那位温雅端庄的白娘子，她站在那里，一颦一笑都是岁月静好，她从不大声喧哗，不浮躁，不炫耀。记得演员金莎曾晒过一张与赵雅芝的合影，并附文："岁月没有带走白素贞却带走了蓝菲琳（金莎的曾用名）。"

　　当初赵雅芝一次无心插柳的走秀，被无数制片人和导演相中。之后，她虽然辞去了空姐的工作，却并没有膨胀到立刻投身演艺事业中，而是先选择做一个小小的导播助理，一做就是几年，这几年里她几乎熟悉了所有影视剧后台的部门，且不骄不躁，兢兢业业踏实着走。所以赵雅芝能一炮而红，她身边的人一点也不觉得奇怪。演艺事业几十年，她的成绩有目共睹，却低调得像个平凡的女人，如今她依然宁静淡雅，眉宇间依然凝聚着当年的柔美，是当之无愧的不老女神。就连金庸先生也不吝称赞："赵雅芝代表东方的美，是最美的。"

　　听到有人说"你看上去好年轻啊！"没有哪个女人不欢喜。

与之相比"你妆画得不错"，则显得稍有讽刺。愿你远离俗物的攀比与虚荣，保持年轻的心态，曼妙的身材，优雅的仪态，做一位与岁月比肩的女子，令山河失色，让人惦记。

可怕的不是变老，而是放弃美丽、活得潦草

当我们翻过青春的那一页纸，发现时光在渐渐变得昏黄，年龄不再青涩而是衰老，心中莫不恐慌，害怕有一天真的老去，而这种焦虑感几乎侵袭着每一位女性。

或许蓦然回首间，不得不面临日渐衰老的窘境，我们尚未做好心理准备去接受，就发现自己的精力已大不如从前，各种生理机能开始下降，对年龄充满恐惧和害怕。岁月如风沙不停拍打着身体的每个部位。可悲的是有些女人开始认命，既然岁月让我沧桑，干脆就沧桑着过。殊不知，岁月只是岁月，你老不老去，认不认命，它都静静地存在着。

其实，于女人而言，年龄渐长不是最可怕的。放弃自我、放弃美丽，潦潦草草地活着，才是最可怕的。

洛林是一个特别爱美的女人，她一年四季穿着裙子搭配高跟鞋，一头长发利索地系成马尾在身后飘来飘去，跟她同事了五年的好朋友满月，从未见过她素颜的样子，有一次别人打趣让她卸妆，她险些为此生气。

后来她结了婚，等潇月再次见到她时，只间隔了三年，潇月不知道那三年内发生了什么，但洛林实实在在地变了，头发蓬松有些凌乱，大 T 恤搭配着五分裤，一双平底鞋硬踩成了拖鞋，脸上未施粉黛，皮肤有些松弛又显得暗沉，与曾经的她简直判若两人。许是潇月的表情有些不自然，洛林无所谓笑道："怎么？这就不认识啦？我变化确实挺大的，其实都这个年纪了，啥美不美的，家也有了，孩子也有了，差不多就行了。"潇月笑了笑，不知该说什么才好。

著名演员刘嘉玲曾说："我曾经以为在人生的抛物线上，30 岁才是最高点，常常惶恐一年一年接近 30 岁却依然两手空空，我曾以为 50 岁是坐着藤椅看天边云卷云舒的年纪，而今恍然，50 岁可以是巅峰，也可以是起点，女人太早就放弃了自己是一件很可悲的事情。"

在美丽这件事情上，我们不应该太早放弃。杨澜曾说过："没有人愿意透过你邋遢的外表去了解你的内在。"

别相信不以貌取人这句话，这就是一个看脸的世界，我们在评价一个人时，往往会通过一个人外在的美而去评判她的内在，一个邋里邋遢的女人，很难看出她是一个高雅有内涵和素养的人，倒宁愿相信她本就是个懒惰又庸俗的人。

美丽是每一个女人都该有的尊严，当我们放弃美丽，就等于放弃了一半人生，与残沟细缝中偷活的蝼蚁没有区别。对于女人，也许 25 岁以后可以不再谈青春，35 岁以后不谈年轻，40 岁以后不再谈姿色，但是终其一生，女人不能不谈美丽。

倪萍在一次节目中，说了几句掏心窝子的话，她说："地板拖得再亮，男朋友也不会去亲地板。还不如把自己收拾一下，让全世界都多看你一眼。"

2019年3月22日《声临其境2》的现场，年过六旬的倪萍和年近五旬的董卿正在为《麦兜响当当》的某个片段配音。倪萍一身大气的西装，尽显优雅气质，为麦兜的配音搞怪又可爱。董卿一袭百褶裙，优雅知性，为麦太太的配音有趣又幽默，两位不同时代不同年龄的"央视一姐"奶声奶气的萌哒表演，令观众大呼过瘾。

现在的倪萍和董卿，虽然已不复芳龄之华，却如劲松一般，依然活得有力度，活得美丽。她们于岁月中沉淀出内敛而沉稳的状态、优雅庄重的气质，以及自信的魅力。这当是一个女人最好的状态，于优雅中老去，不负年华之重任。

倪萍曾晒出一张自拍照，照片上的她体态轻盈，瘦了有20斤，浑身散发着干练与活力，已然恢复往日风采。有网友不禁感慨："当我活到倪萍老师这个岁数时，希望自己不是潦草地活着，而是像她一样美丽又不退激情地活着。"

有人说，短跑式的人生，是对岁月的糟蹋，而美丽的人生注定是一场长跑，无关岁月，只在于是否保持着一颗始终爱美的心。

亦如马伊琍在《获奖感言》中说的："人的前半生，没有对错，只有成长。人的后半生，唯有智慧与美貌不可放弃。"

以美丽为原则的女人，从不害怕岁月的侵蚀，纵然被偷去了体态和面容，温于心灵的美丽同样可以让一个女人闪耀出别样光彩。

在法国街头，我们随时都能看到踩着时髦高跟鞋、妆容精致的六七十岁的女性，她们一直保持着挺拔的身姿，穿得干干净净优雅得体。面对这些美丽，你不会注意她们脸上的皱纹，脑海中一闪而过的是大气、高贵和端庄。

　　爱美是女人的天性，别在乎别人怎么说，因为美丽就是一张天然名片，它背后藏着的是一个女人对生活的热爱和尊重，以及对自己的高要求。也许我们美得不够惊艳，但岁月无法阻挡一个美丽女人释放出的魅力，那魅力足以令人赏心悦目，美则美矣，别有芳华。

女人的美，在于优雅的姿态，更在于生活的情趣

她是个漂亮的女人，有娇好的容貌和身材，眉宇间总淡淡凝聚着一股不食人间烟火的清雅。她自然、成熟、从容，这是令大部分女人羡慕的姿态，亦令很多男人为之青睐，但是长久以来，她都是孤单一个人。

"好看的皮囊千篇一律，有趣的灵魂万里挑一。"有生活情趣的女人，才是一个能将美发挥到极致的女人，对世人来说，三百六十度无死角的美，来自高雅的灵魂。

1929年，冰心嫁给了吴文藻，他们的婚房很简陋，只有两张自己带来的床和一张三条腿的桌子。吴文藻痴迷于治学，把精力都用在了事业上，与生活总有些茫然和痴气，但冰心是个懂生活情趣的女人，她很喜欢去制造一些轻松的小乐趣，给原本沉闷的生活带来一些愉悦的味道。

冰心看到吴文藻工作的桌面上摆着一张自己的照片，问道："你是每天都要看一眼呢？还只是一种摆设呢？"

吴文藻笑道："当然是每天要看。"

　　听丈夫这样说，冰心心中有了个有趣的想法，她偷偷把自己的照片换成阮玲玉的照片。果然一连几日，丈夫都没有发现，冰心故作嗔怒地提醒他，吴文藻方恍然发觉，忙手忙脚乱地把照片又换了过来。

　　吴文藻一旦沉迷进学术研究里，就对身外物显得不是很敏感。一日，冰心和婆婆正在院子里赏丁香花，吴文藻心不在焉问道："这是什么花？"

　　冰心故意说是"香丁"，吴文藻随机恍然道："原来是香丁啊！"那憨憨的模样瞬间逗得冰心和婆婆哈哈大笑。

　　冰心在她著作的《我和玫瑰花》中写道：1929 年以后，我有了自己的家，便在我家廊前，种了两行德国白玫瑰，花开得很大，而且不断地开花，从阴历三月三，一直开到九月九，使得我家的花瓶里，繁花不断。

　　《婚姻是最高级的瑜伽》中有这样一段话："爱永远无法成为婚姻的伟大基础，因为爱是一种有趣的游戏。"

　　虽然冰心与吴文藻的生活曾一度坎坷颠沛，但是冰心是个简单却又令人难以捉摸的女人，她总是用有趣的视角去发现一些常人看着简单但实际上美妙的事情。50 年的时光里，尽管生活艰难，冰心总能将平淡的生活过得有滋有味。所以吴文藻始终爱她如初，对于身边这个并不漂亮却很懂生活情趣的女人，吴文藻爱得深邃且执着。

　　有人说："优雅的女人很好，若能在优雅之上外加些情趣，便是锦上添花。时常给枯燥乏味的生活带来一些意想不到的小惊喜，你离她越近，越容易受她感染，心在不知不觉中被她俘获，却是心甘情愿深陷其中。"

关于情趣的养成，美国作家奇普·希思、丹·希思在《行为设计学：打造峰值体验》中写道：其实打造峰值体验，并不一定要多么复杂的理念和设计，只要花费点心思，就能在平淡无奇的生活中制造出让人欣喜的小浪花。

有人说读《浮生六记》之前，以为沈复本就是个有情趣的文学爱好者，但读了这本书后，才发现他的妻子陈芸要比他更有情趣。就连林语堂也曾评价陈芸是"中国文学中一个最可爱的女人。"

沈复和陈芸生活并不富裕，甚至可以用穷困潦倒来形容，但是夫妻二人从未因生活艰难而争执，反而过得有滋有味，当然，这要多亏了陈芸有一颗慧心和对生活至真至美的感悟。沈复平时喜欢以酒会友，可家里并没有什么山珍海味，但陈芸却总能够把普通廉价的瓜果蔬菜做成一道道秀色可餐的美味。

每当沈复的衣服出现破损，陈芸总能变着法子把衣服修好，既能让丈夫穿着不失体面地会客，又能当常服穿出门。陈芸特别喜欢变换家庭氛围，每隔一段时间就用白纸糊墙，让屋子里变得亮堂，再用随手采摘来的花草或其它美观的东西装饰房间，让简陋的家变得格外温馨。

作家马德曾用白话文译出陈芸生活中的情趣：聪明而灵透的芸娘，利用荷花这一自然的本性，用纱囊裹一小撮茶叶在里边，然后，趁荷花将要含苞的时候，放置在花心里。第二天早上，当荷花重新绽开的时候，便取茶叶出来，这时候，用天泉水泡之，香韵尤绝。

　　都说可爱的女人最漂亮，因为可爱的女人都有一个高情趣的灵魂，她能把平凡的生活过成一首有韵味的诗，让普通的日子富有情调。而高雅的情趣会让女人的美呈现"1+"的趋势，让女人由内而外散发万种风情。古人如是云：闻香识女人。真情真性的女人都是有味道的。有牡丹的高贵、玫瑰的芳香、茉莉的淡雅，亦有百花的灵动，所以，不管你是不是漂亮，都应该努力做一个有生活情趣的女人。

精致是女人的生活态度，与年龄和物质无关

知乎上一位网友提问：女人活得随性些好？还是活得精致些好？

答案众说纷纭，其中一个获赞很高的网友这样说："女人长得漂不漂亮、有钱没钱、多大年龄，这些都无所谓，但一定要活得精致。因为在这个世界上，唯自己不能辜负。"

很多女性希望自己是个精致的女子，有着独特的气质和内涵，既活得自信，又活得精彩。但是，总有些人对精致产生误解，认为只有年轻人才有资格谈精致，有钱人才有资本过精致的生活。

精致并不是穿着香奈儿，抹着纪梵希，背着爱马仕，与几位名人拍张照片那么简单的事，更不是靠月光或刷爆信用卡换来的。体面的女人，精致只是她的生活态度，是一种发自内心向上的力度，在自己能力范围内，力求变得更好。

汪碧云说："我最贵的羊毛衫，3000 块钱，陪伴了我 3 年。这是我的八字拉力器，15 块钱，我每天都在用这个开肩。这是我每天都要敷的面膜，打完折只要 60 块钱。"

汪碧云认为：精致的生活不代表什么都要买贵的，而是让你聪明地进行每一笔投资，要正视你的物欲，但是不要被它控制。她向人们发问："你追求的精致，是为了让自己舒心，还是为了向别人证明自己呢？"这个问题引来网友们的一致沉默。

汪碧云活成了令很多女人羡慕却不易抵达的境界。不仅仅是她容颜保持得好，身材维护得好，也不是她舞蹈跳得好，而是她对美的追求，对精致生活的体悟。她是一位普通的老人，却一直用年轻人的标准来要求自己。在《中国达人秀》的舞台上，所有人都很好奇她是怎么保持年轻和活力的，她说每天要练习1个小时的舞蹈，甚至有时长达3个小时，几十年如一日，不曾间断过，这让她的年轻感爆棚，一直保持着好的气色和活力。抖音上，汪碧云经常向粉丝分享自己的生活片段，早晨起来做拉伸运动，然后护理皮肤，化上淡妆，跑跑步，跳跳舞，美美地去过每一天。

李银河曾说："真正的精致，从来都不是表象。"

有的女人习惯用物质将自己包装起来，只注重金玉其外，再深入了解她的实际生活，家里乱七八糟。一个连生活上都做不到自律的女人，是永远做不到真正精致的。因为看不见的体面，要比看得见的精致更能反映出一个女人的内在。

曾担任美国国务卿的基辛格曾说："宋美龄是一位乱世美人，以女性非凡的情感影响了大千世界。"

接触过宋美龄的人，只会用一个词来形容她，就是"精致"：精致的着装，精致的容颜。传说连蒋介石也未曾见过她素颜的样子。

前美国总统罗斯福的夫人埃莉诺谈及宋美龄，颇为动容，她说："当我看到蒋夫人身着旗袍，沿阶梯缓缓走向讲台时，我不得不为她动人的气质感到荣幸之至。而当她演讲时，她又俨然像一个斗士。"

丘吉尔亦曾对宋美龄有极高的评价："夫人的着装极为潇洒合身，非常特殊亦极有魅力。"

宋美龄一生只爱穿旗袍，但旗袍看似只是一件衣服，却对女子的身材有极高要求。宋美龄为了能让自己随时驾驭旗袍，她为自己准备了一台小秤，只要体重增加，她就严格控制饮食，甚至连正餐也只吃一点蔬菜沙拉，正是靠着自身的毅力和自律，宋美龄才能将旗袍穿出玲珑有致的曲线美，穿出摄人心魄的妩媚与高雅。仅凭这份维持了一生的自控力，就非常人能及。

靠身材只能穿出旗袍的美感，却无法穿出韵味。宋美龄虽然毕业于美国著名的威尔斯利女子学院，但依旧下苦功夫研习中国古典文学，她精通六国语言，博览群书，学识贯通古今中外，熟悉音律，善绘国画，一手好字更是令人称绝。在如此深厚文化积蕴的熏染下，方融汇出宋美龄脱尘出俗的风韵，使她穿出旗袍真正的精髓美感。

所谓精致，是把自己最得体的一面展现给世人，是一个女人人前身后都能够对自己的衣着、身材以及环境的掌握，是从生活中许多细小的地方提升质感，让自己舒服，别人看着温馨，而这跟金钱与物质没有任何关系。

精致的女人对待生活就像品尝红酒，品味得非常细致，把苦涩与甘甜皆当作人生最好的享受。无论岁月是苛责或馈赠，表里如一维持着自己的体面，每天画一个简单的妆，做到皮囊与灵魂的契合，这即是精致的最高境界。

请保持活跃积极的生活方式，甩掉中年油腻感

　　45 岁的黄珊每次出门前都要好好打扮一番，高跟鞋、小脚裤和风衣是标配，走起路来飒爽的很。有几次她和 19 岁的女儿出门都被误会成姐妹。邻居常叫黄珊去公园跳舞锻炼身体，但她更喜欢跑步、练习瑜伽和弹古筝，若只看她的背影，身材修长的像个刚成年的小姑娘。爱人常调侃说他有两个女儿，黄珊则笑着说："你不知道吗？其实我才 18 岁。"

　　谁说中年人就一定要油腻？只要心态不老，积极面对生活，中年不过就是个不痛不痒的数字。

　　俞敏洪曾说："油腻无关年龄性别，只要你再也不成长了，你内心充满了油腻、猥琐封闭的东西，那就是油腻。"女人的中年油腻，就是懒惰而又漫无目的地活着，整天得过且过，抱着一种人生已过半，再无所求的懒散心态蒙蒙呼呼地过日子。

　　快醒醒吧！别让中年油腻毁了我们，难道你不想像董卿一样，年过四十还依然容光焕发、精力充沛吗？

　　听董卿曾说，她少年时，父亲很少让她睡赖觉，天还没亮就

叫她起床去跑步，哪怕天寒地冻的腊月天里，她都会被拉出被窝去跑步。那时她是不理解的，可如今她非常感谢当初父亲的坚持，因为跑步已经成为她日常生活中的习惯，尤其人到中年，依然在保持每天晨跑的习惯。作为央视主持人，代表的是一个国家的形象，除了才华，对身材的要求也是很严格的。董卿这么多年来能保持健康苗条的身体，除了跑步，于日常生活中活跃积极的生活方式也密不可分。

董卿在一次采访中说，她每天除了晨跑，没有节目做时，也会通过健身和读书的方式来充实一整天的生活。她很喜欢练瑜伽，这项运动给她带来了全身心的愉悦和放松。董卿曾坦言，坚持锻炼是为了让自己时刻保持积极性，而健身可以改变自己，不至于为即将到来的中年岁月而恐慌。如果一个女人连中年这道坎都过不去，还谈什么岁月如歌，不负人生呢？

女人真正的魅力是时刻都能锁住自己的能量，从来不会因为人到中年就变得颓废。虽然我们阻挡不了岁月的脚步，但是变老并不是意味着我们就要变得油腻。

古人云："树活风雨土，人活精气神。"

有精气神的女人，在他人眼里就是年轻的，不会被贴上油腻的标签，令人敬佩，毕竟一个不论处在任何年龄段都能保持人格魅力的女人相当不易，做一个优雅又清爽的女人，是每个女人所向往的。

那么要如何甩掉中年油腻呢？

首先，我们要保持活跃积极的生活方式，别总是手机手中拿，身体陷沙发，与其看着别人越来越美好，不如自己变得更美好。手机只会让我们的油腻感加速，在那些碎片化的信息里纠缠不清，陷入某种情绪无法自拔，更无心做其他的事情。

撕掉油腻标签，生活就一定要律动起来，"不自律，毁半生"这话不是吓唬人的。要想成为一个有魅力的女人，甩掉中年油腻，就必须付出时间和精力。

1. 保持充足的睡眠

睡眠不足会导致女人的内分泌紊乱，造成失眠，精力下降，严重的还会引发身体疾病，会加速女人的衰老。有人说："美丽的女人是睡出来的。"要想让自己显得年轻有活力，充足的睡眠不可少。

2. 合理饮食

看到火锅、烤肉，就忍不住吃到撑的女人，肚子上应该不止一层游泳圈。于中年人来说，身体的新陈代谢能力已有所下降，太油腻或辛辣的食物，不仅影响身材，长此以往还会诱发各种慢性疾病。一些人虚胖多汗，多是不注重饮食造成的。所以，日常饮食还需以清淡为主，水果蔬菜才是女人保持好身材和皮肤的天然护肤品。

3. 找点能愉悦身心的事做

人们总说："工作一天特别累，就想回家后躺着不动。"其实越躺着会越累，因为单调的生活只会加剧精神疲劳，人未老而心先衰了。工作结束后，一定要找点简单有趣的事做，比如陪老公杀盘棋，跟着教程做点可口的美食等，人开心快乐，就不会滋生油腻感。

4. 主动锻炼

我们锻炼的目的不能只是为了减肥，太有目的性的锻炼容易令人逃避。锻炼并不一定是高强度的跑或跳，当你想骑着电车去不是很远的地方时，不如改步行；早晨早点起床，伴着鸟语花香散散步，亦会令人神清气爽一整天呢。

5.每天保持体面的妆容

清爽美丽的妆容会提高一个人的精气神和自信。适当给皮肤补补水，每天画个淡妆，好好修饰一下自己，积极的生活态度都是从简单的修饰开始的。

所谓中年油腻，不是单指身体发福，而是一个人的精神超重负荷，感觉自己的人生总沉甸甸的，因此开始过度放纵，散发着惰性。但中年油腻真的太难听了，若想甩掉它也不需要什么大动作，只需保持轻盈向前的状态即可，所以，加油哦！让我们一起努力拒绝中年油腻。

穿衣打扮符合年龄身份，才能提升气质

西方学者雅波特教授说过："在人与人互动行为的过程中，别人对你的观感只有7%是注意你的谈话内容，有38%是观察你的表达方式和沟通技巧（如态度、语气、形体语言等），但是却有55%的注意力在判断你的外表是否和你的表现相称。"简单来说就是你的穿衣打扮要和实际表现相一致，而且随着年龄的增长，社会地位的改变，在穿着上也要表现出来。

托斯海丁说："衣服就是你的名片。"所以，女人要记住，穿适合自己年龄身份的衣着，才能提升气质。

雅婷37岁了，平时总喜欢把自己打扮得像个20岁的小姑娘。前几天她的上司约了客户见面，因临时有事抽不开身，就让她过去帮忙签个合同。本来什么都谈好了，可是客户见着她之后就有点变卦了。打电话问雅婷的上司有没有点诚意，派个小姑娘来算什么意思。

不但客户一肚子火，上司也是有苦说不出，只好委婉地让雅婷见客户时，穿衣打扮尽量成熟稳重点。雅婷这才开始重新审视自己，确信自己的穿衣风格已经不适合自己的年龄段了。现实中很多雅婷这样的女人。明明已经过了可爱的年纪，但是就是喜欢穿公主类型的衣服，或者戴一些特别可爱的装饰品，比如在头发上绑一个粉红色的蝴蝶结。

其实女人穿衣打扮的风格是要与年龄和身份一起成长的，每个女人在不同的年龄段都应该有特定的穿衣打扮秘诀。比如：二十几岁是清新亮丽的，三十几岁是精美知性的，四十几岁是从容优雅的，五十几岁是雍容富态的，而60岁以后应该是淡然朴素的。

二十几岁的女人，正是如花一般的年纪，你可以尽情地选择自己喜欢的颜色，没有必要在这个美好的时段把自己打扮得老气横秋。随便一条牛仔裤搭配一件舒适的短袖，都可以让你的青春尽情挥洒。一双帆布鞋、一条直筒裤、一件简单的T恤，就会展现出一个简单大方阳光的自己。千万不要穿过多的灰色和暗色系的衣服，这样会给别人带来一种压抑的感觉。

女人一旦迈进30岁的门槛，就应该主动和二十几岁时的穿衣打扮说再见了。这个时候的你在打扮自己的时候可以尽量向知性的方面靠近，不过也没必要全身上下都是名牌。如果女人身上的奢侈品过多，反而会给人华而不实的感觉。比如，简单的职业装，或者是裁剪得体的套装都是不错的选择。这个年龄段的女人切忌不要穿得过于花哨，庸俗不说还会显得浮躁。

三十几岁的女人除去衣服的颜色和款式要特别注意之外，还要留意衣服的品质。有些三十几岁的女性都已经身处领导岗位了，穿着打扮的品质很大程度上影响到你在下属面前的权威，甚至是在上司面前表现出来的职业责任感。

比如，面料细腻的套装，可以表现你细致的工作态度，而精致小巧的耳环还可以承托女人成熟的魅力。如果这个时候你还没有一定的领导地位，在穿着上记得不要压倒自己的上司，否则可能会给自己招来一些不必要的麻烦。

40岁以后，开始步入中年了，这时你可以选择一些比较简单温和的颜色。比如豆绿、枣红，皮肤较为白皙的女性还可以尝试玫瑰红、海蓝等颜色的上衣。

除了套装之外，也可以搭配黑色短裙或黑色长裤。切忌全身的衣服配饰颜色不要超过三种，否则会显得很浮夸，这一点是任何年龄段都应该避讳的。另外，40岁以后不要穿荷叶边的领子，它们不但会显得你很幼稚还会降低你的品味。

总之，在穿衣打扮上，女人一定要顾及到自己的年龄和身份，这无论是对于自身气质的展现还是心理上的需求都同样的重要。关于年龄我们可以在心理上保持年轻，比如说自己永远18岁，但是在穿着方面决不能这样。要学会面对现实，选择适合自己年龄的服装。

穿衣服如果不符合年龄和身份，不但会显得你毫无内涵，甚至是一种不礼貌的表现。就像一个律师，如果每天穿着运动套装出去接待客户，那么谁又愿意信任他呢？明明出席的是一场盛大的晚会，却穿着牛仔服板鞋，这就是在表达自己对晚会的不尊重。

知道什么年龄该穿什么，是每个女人都应该学会的本领。只有穿适合自己的衣服，才能让自己看起来更有气质。

婚后，请多花些时间和精力在自己身上

常听人说，当代新女性是上得了厅堂，下得了厨房，修得了马桶，翻得了城墙，会开车，能买房，照顾得了老公孩子，打得过地痞流氓。这是在夸当下的女人很能干呢，还是说女人真的就应该这样能干呢？

结婚后，面对无休止的工作、家务、父母、孩子和爱人，女人会不由自主地把全部的时间和精力放在让这个家更完美，让家人拥有更好的生活状态上，这样做自然很好，但是别忘记了，你也是这个家的一分子，你也需要为自己做些什么。

你有多久没出过远门，看看这个世界了？那本放在床头的小说，中间还别着书签吗？上次去做护理，已经记不清是什么时候了吧？

女人不是太能干，而是太忙碌了，忙到已经忘了自己。长期忙于工作和家务，不给自己留一点时间，时间久了，你会熬不住的。因为付出得太多，而得到的太少，你的感觉会越来越糟糕，最终你的工作、家庭以及你的身体都会事与愿违地被破坏掉。女人，要学会把一部分时间和精力用在自己身上，做些自己喜欢做的事情，让精神一直处于饱满状态。忙碌而又美丽着，才是一个女人该有的模样。

台湾艺术家汪晓青刚怀孕时正在英国读博士，孩子的突然到来让她多少有些惶恐，周围总有个声音在告诉她，母亲都要为了孩子去牺牲自己，她同样也担心自己有了孩子后而失去自我。可是，当她在公园里看到那些妈妈喝着啤酒聊着天，孩子们在一旁快乐玩耍，玩累了一起回家的温馨场面后，汪晓青决定留下这个孩子。她想证明一下，纵然忙碌的人生中突然多了个生命，也可以做到"他成长为他，我依旧是我"。

怀孕期间，汪晓青依然做着自己热爱的事。孩子降生的那一两年，汪晓青确实有点手忙脚乱，孩子还因为淘气，摔断了腿，打了石膏，让她心力交瘁。但孩子并没有夺走汪晓青的人生，她一边看着他玩耍，一边记录着做母亲的点点滴滴，同时她还在攻读学业。孩子 5 岁的时候，汪晓青完成了博士毕业论文。等到孩子 18 岁考取大学，为梦想扬帆起航时汪晓青正在准备自己的绘画机构。

最终，汪晓青证实了"他成长为他，而我依然是我"的美好，虽然一边学习一边带娃很辛苦，但一切都值得。

结婚后的女人是妻子也是母亲，但这并不意味着无条件地奉献和牺牲自己。时间是有限的，也是够用的；精力是会耗尽的，却是可以分割的。把时间和精力分出一部分来花在自己身上，并不是什么难事，只要你想，想要自己的人生依旧充满颜色，就能在紧张的生活中拨出空间来容纳自己。

就像作家金韵蓉《先斟满自己的杯子》中写的：不要再等待别

人来斟满自己的杯子，也不要一味地无私奉献，如果我们能先将自己面前的杯子斟满，心满意足地幸福快乐了，自然就能将满溢的福杯分享给周围的人，也能快乐地接受别人的给予。

把时间和精力花在自己身上，并不是为了去成就什么丰功伟业，我们需要学会调节自己的生活，让忙碌不堪，变得有节奏感，使紧张的气氛慢下来。如果无法走远，就做些自己感兴趣的事，在力所能及的范围内，做能让自己放松心情或开心的事，但切记别苟且放纵，孤芳自赏。

我们挤出来的时间和精力珍贵得很，要用在提升自身价值的事情上，例如，不想让自己与社会脱节，可以关注些时事报道；不想心中的梦想枯竭，可以多读些书，看些美丽的纪录片；倘若你是家庭主妇，别让自己的身体习惯懒惰，那会把人的思想也拉入懒惰的深渊，不妨每天早起半个小时，去散散步，跳跳操，让一天从元气满满的早晨开始。

婚姻不是女人的坟墓，我们曾充满热忱地迎接它，婚后也应该让这份热忱继续升温。把家当成心中那个幻想过的童话小屋去装扮，把小日子过得温馨又浪漫。照顾家庭与孩子应该是件快乐的事，因为有他们在，才有了家的烟火气。婚前我们是个活力四射的姑娘，婚后我们依然是那个可以追逐风筝的人。

要舍得把时间和精力放在自己身上，我们的幸福感才会增强。有时间关注自己，才会让我们有足够的存在感和满足感，变得自信，脸上有光彩。懂得把时间和精力花在自己身上的女人，尽管要处理的事情不比任何人少，却活得漂亮、精致，精力充沛，让丈夫爱不释手。

　　女人是一个家庭情绪的传播者，说句调侃的话："女人开心时，整个家庭都被阳光照着；女人萎靡不振时，感觉暴风雨随时会来，丈夫孩子大气都不敢喘一下。"家庭的幸福度跟女人的幸福感紧密相连，而女人的幸福感一半来自家庭，一半来自独立的可自由挥霍的空间。

　　我们喜爱工作，热爱家庭，但在"我们"中别忽略那个"我"。你生活在一个宽容的时代，时间和精力用在哪里，你完全可以自己做主，所以别有压迫感。每天选个时间送给自己，对自己说："亲爱的，我依旧是自由的，我有时间做我想做的一切。"

所有经历的都将变成阅历，请优雅地老去

终有一天，我们会老去，那你可曾幻想过老去的自己会是一个怎样的状态呢？是伴着夕阳莳花弄草、温书烹茶？还是感慨人生太短，有诸多不易？

当我们已经老矣，曾经经历的磨难，咀嚼过的苦涩，已化作回忆中的烟霞，沁到骨子里的成熟。那流逝的岁月，度过了几十个春秋，虽已白发染鬓、步履蹒跚，可那份成熟已是流淌在经脉里的从容，是如何也夺不去的，那是心灵深处的烙印，是经历化蝶后的永恒，是不可阻挡的，故而老又何惧，我们依然可以一如既往优雅地活着。

"流光容易把人抛，红了樱桃，绿了芭蕉。"岁月催人老，容颜尽退是迟早的事，可是总有人不在乎青丝变白发，一生一世优雅地活着。

2018年2月播出的《经典咏流传》节目上，一位88岁的优雅老人扶着钢琴慢慢坐下。那时，现场一片寂静，静静等着那位老人传诵经典。她那双已经变形的手颤巍巍地放在钢琴上，第一声指落，美妙的音符穿过耳膜像一场洗涤，瞬间便净化了这世间污浊，一双

如水般灵活轻柔的手欢快地游走在黑白相间的琴键上，一曲《梁祝》诉尽人事衷肠，那直戳心灵的音符似化成了蝶，化成了现场每一位听众的故事，亦是这位老人的故事。

　　她叫巫漪丽，6岁时在一场电影里与钢琴邂逅，从此便开始了她与钢琴分不开的世纪纠缠。19岁时，她与上海交响乐团合奏的《贝多芬协奏曲》，让她一举成名，后来她担任中央乐团的第一任钢琴独奏者，还受过周恩来总理的接见。

　　1959 年 5 月 27 日，小提琴协奏曲《梁祝》第一次公演便在国内外引起强烈共鸣。那时，《梁祝》还没有钢琴版，巫漪丽耗了三天三夜的时间自创出钢琴版的《梁祝》，并成为《梁祝》钢琴部分的首创者和首演者。

　　巫漪丽 32 岁便成为国家一级钢琴演奏家。她的前半生可谓风光独好，为了让更多平凡的人了解钢琴，她到处巡回演出，个中辛苦不言而喻，但她不疾不徐，慢慢向人们传颂钢琴音乐的魅力。

　　巫漪丽与她一生的挚爱亦是因钢琴结缘，她的先生叫杨秉荪，是当时中央乐团的第一任小提琴手。巫漪丽和杨秉荪婚后的生活虽然有些清贫，但夫妻二人却琴瑟和鸣，相当恩爱。让人悲伤的是，后来因为一些特殊原因，夫妻二人不得不分离。1983 年，巫漪丽赴美深造。1993 年，她定居新加坡。

　　有记者问她："一个人在租住的房子里你会感觉到孤独吗？"

　　巫漪丽说："弹钢琴就不孤独了。"

　　巫漪丽的一生大起大落，她有过辉煌，有过低谷，但她的内心却是越来越强大，在音乐这条路上一走就是 80 多年，尽管中年急流勇退，可她依然如初，优雅温和。

　　这世间最是风雨无测，但是巫漪丽懂得调和内心，所有的经历都已变成人生的阅历，变成淡淡的回忆，往事既已是往事，就随风散了，与其患得患失，庸人自扰，她说不如优雅地老去，做个淡淡的女子。

　　当我们老去的时候，多少遗憾旧梦，多少人事无奈，多少情悲无常，都淡化在那一抹浅笑中，随风散去。我们会渐渐忘却那些令人不愉快的过往，只留下最美的感激，和明月一起欣赏岁月的温和与柔美。

想象一下，未来的世界应该比现在美丽得多，雨后初晴的天空依然蓝得令人心醉，走过年轻时我们曾走过的路，听一首有故事的老歌，望着已经掉了皮的楼房，我们的年华依然在心中流淌，就像昨天，像一场梦，梦里有人说："你还是一如从前那般美丽，岁月并没有剥夺你的魅力，所以，请优雅着老去。"

请优雅着老去，过往不复便不复吧，该吃的苦吃过，该享受的幸福享受过，痛过、哭过，我们亦曾如当下的年轻人一般追逐过，心存希望地奋斗过，摸爬滚打过，醉过，折腾过……这一生该经历的都经历了，还有什么可遗憾的呢？

作家孙犁在散文中写道："如果老了，我就什么也不干，发发呆，因为没有年轻时的睿智和聪明了。所以，我什么也不写了。我怕留下垃圾文字，我不让人笑话，我要优雅地老去。"

一年又一年，时间过得很快，我们已有足够多的回忆，心中满满当当的是成熟，不再忧虑过去，不再畏惧前路，不贪念以往的辉煌，从此踏上一条安定又平凡的路，和夕阳为伴，与茶香为友，有书作陪，梳起利落的头发，穿一身干净整洁的衣裳，跟一群老友诉说着孩子们的未来。当视线穿透时光的线条，那曾是我们最好的模样，一路优雅着前行，就像我们正在坦然接受着变老，用最美的姿态延伸生命的长度，从容淡定走向人生的终点。

第八章

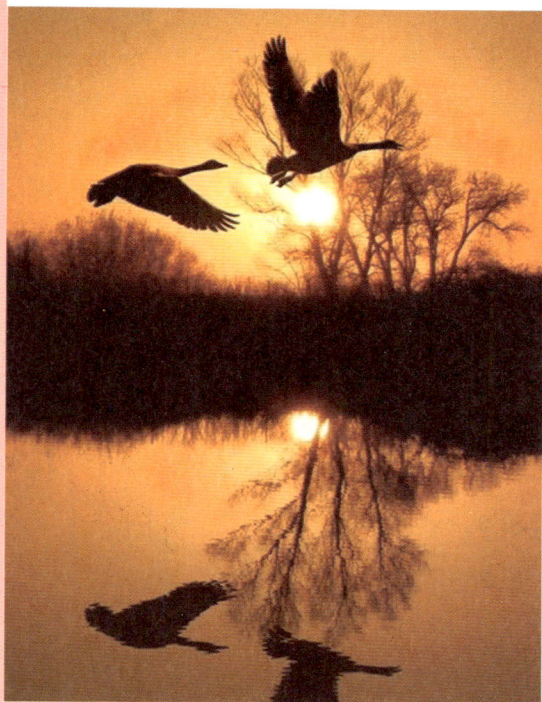

形象管理：

冻龄女神的秘诀是自律

30 岁以前，美不美都有青春气息做支撑，
30 岁以后，女人的相貌则是由自己的选择决定的。
想要保持好身材，不仅要管住嘴，更要迈开腿。
女人足够自律，才能足够优雅精致。

别一边敷最贵的面膜，一边熬最长的夜

在美丽这件事上，女人从不手软，吃的可以不讲究，但面膜一定要最贵的。于是，到了晚上，很多女生都会敷上一层面膜，美美地躺下来，开始刷手机……

然后，第二天顶着一个大大的熊猫眼去上班。时间长了，不仅皮肤干燥、没有光泽，暗疮粉刺、黄褐斑也来凑热闹，找到卖面膜的客服，质问："这么贵的面膜为何没有效果？"

如果你肆无忌惮地熬夜，那么敷再贵的面膜有什么用呢？熬夜对皮肤的伤害远比你想象的要严重得多。

参加工作后的林楚楚很快就加入到了熬夜党的队伍里，因为自从上班以后，白天的时间都用来对外，也只有晚上的时间才真正属于自己。楚楚又特别喜欢看剧，看直播抢购，如果早早地睡觉总觉得很亏，于是她每天夜里敷上面膜就躺床上开始盯着手机看，从原来的 10 点睡觉，到现在凌晨二三点才睡，还觉得意犹未尽。

这种状态一直持续了半年左右，林楚楚开始觉得自己的身体有点不对劲，特别容易伤风感冒，尤其是皮肤的状态变得越来越差，跟从前的自己简直判若两人。她买了很多昂贵的遮瑕膏，依然遮不住黑眼圈，抹得太厚皮肤堵塞的厉害，又开始出现红肿。从前她坐公交车遇到小朋友都会叫她小姐姐，如今见了都改叫阿姨了。现在是个朋友见了她，都会惊讶地说："你怎么这么显老了？"这让林楚楚心里叫苦不迭。

　　如今的林楚楚看上去就像个营养不良的可怜女人，整天无精打采的，没有二十出头小姑娘该有的青春活力。虽然后来她囤积了很多好牌子的面膜和眼霜、眼贴膜之类的护肤品，却一直没什么效果，因为她还是克制不住一颗爱熬夜的心。

　　我们常常见到一些不惑之年的女人依然面色红润，肌肤光洁白皙，风韵犹存，而一些正值青春年少的姑娘却脸色隐晦、草莓鼻、黑眼圈、面色暗黄、委靡不振。尽管她们的生活环境相似，各方面都不相上下，但肌肤状态却大相径庭。

　　为什么会这样呢？其实最主要的一个原因就是睡眠不足。

　　女人这辈子最大的期望莫过于拥有一张可比花娇月莹的脸，所以我们才不惜一切代价对自己的皮肤进行维护和保养，可若是因为我们的生活不规律导致皮肤变得越来越糟糕，难免太愧对自己的皮肤了。

　　别再熬夜了，多昂贵的面膜也拯救不了熬夜对皮肤造成的损伤。睡眠不足是肌肤最大的敌人。我们的皮肤在晚上 10 点到次日凌晨 2 点会保持修复和保养状态，附着在皮肤表层的垃圾和毒素都会在这个时间段内被新陈代谢掉，如果我们能保证在这个时间段内处于睡眠状态，皮肤就会自然而然地进行自我修复和排毒，每日清晨醒来，肌肤舒适清爽，人也会显得精神，有光彩。

　　48 岁的闫妮登上春晚节目时，她的身材和气色着实惊艳了观众，很多人都想知道她是怎么保养的，杨澜在一次采访闫妮的时候，放了一段闫妮与她女儿玩乐的视频，杨澜惊讶道："这真的是你女儿吗？完全就是两姐妹啊！"

　　闫妮随后表示，她并没有什么养生秘籍，不过就是尽可能地保证充足的睡眠，工作忙时，就抽时间让自己尽可能地休息，因为好的睡眠质量就等于做美容，另外可以选适合自己的面膜敷敷。

　　我们都很羡慕那些女明星的皮肤状态，总以为她们一定有什么保养的不传之秘，若一定要刨根问底，她们都会说"多睡觉"。别以为这是糊弄，皮肤专家会告诉你，夜晚时，肌肤的新陈代谢速度要远高于白天，"把觉睡好"是美容灵药的说法并不为过。

　　追剧重要还是皮肤重要？K歌泡酒吧重要，还是干净清透的脸重要？是不施粉黛的白皙亮丽好看，还是抹着厚重的粉底好看？你我心里很清楚，千金难换一张素面朝天却依然美艳动人的娇颜，既然如此，就好好休息，每天保证好充足的睡眠。一个懂得珍爱自己的女人往往是非常自律的，不会为了那些短暂的欲望就搭上自己的青春美貌，与健康美丽相比，任何事情都得让步，这才是一个真正美丽的女人该持有的美颜秘籍。

该减压了！压力大会让你变胖变丑

　　25 岁的茗湘刚做业务员的工作时只有 98 斤，两个月不到就长到了 105 斤，工作压力比之前大了很多，却不瘦反胖，这让她颇苦恼。不清楚变胖的原因，她只好开始控制饮食，但根本控制不住，她看到甜食就想吃，看到烤肉就迈不动腿。茗湘过去并不好吃，却莫名其妙地对食物没了抵抗力，经常感觉饥饿，甚至有时候不挑食。

　　表面看，茗湘是管不住嘴导致了肥胖，实际上是压力大的原因。当一个人突然对食物十分热衷，而且常选择甜食时，就足以说明近期内他的身或心正在承受很大的压力，如果不及时减压，最直接的反应就是失眠多梦，容易饥饿。因为压力会带动人的情绪，当人的情绪很差时，第一心理反应是："好烦呀，总感觉嘴里面缺点什么。"即便肚子没有饿感，也想吃点东西，排解烦恼。尤其喜欢高热量食物，会不由自主地选择一些甜的或膨化的垃圾食品。这种反常举动靠个人毅力控制不住，因为这是身体本身发出的信号。更糟糕的是没有过多运动量消耗掉这些囤积的热量，日复一日坐在工位上，不胖才是奇迹。

当年主持人周涛跨界参加《创意中国》的录制时，大家发现曾经五官精致体态轻盈的她明显胖了很多，不少网友打趣称"胖桃"，对她喊话该"减肥"了。

后来，周涛明显瘦身成功，整个人看上去年轻不少，细柳蛮腰，气色红润，关于瘦下来的方法，她曾在微博里说："瘦了2公斤，谢谢大家的关心，减肥不在计划中，首次跨界，压力比较大，所以胖了，现在瘦了。"

长期压力大，睡眠质量变差，还会导致人体的瘦素降低。而且，压力型肥胖不挑人，无论你有多优秀，还是多平凡，只要不减压，体形就会慢慢地发生变化。压力型肥胖会在女性25岁左右开始。所以，不想变胖变丑，就一定要学会为自己减压，选择适合自己的减压方式。

　　杨澜曾在哥伦比亚大学研究生院读书，她说初去学院的第一个学期，因为心高气傲，就一口气选了六门课，结果那半年的学习让她紧张到毫无喘息的空当，就连周末也全用来学习，这让她承受了莫大压力，连期末考试也忙得不可开交。杨澜回忆起那时，说："每天不足四小时的睡眠，使白天和黑夜的区别不再有意义。"那半年似乎是耗尽了她全部的精力，让她整个人的状态变得不是很好。当考试结束后，杨澜把所有的书都锁进了柜子里，大睡了三天三夜之后，背起行囊就去了一个叫维尔的地方，好好放松自己。

杨澜说："生平第一次，蓝天、雪山、松林、麋鹿，来不及惊呼，心中所有的禁锢在一瞬间瓦解，我大口呼吸着科罗拉多高山的空气，它湿润寒冷，微微刺痛着喉咙，却让我有说不出的快感。我没有缘故地放声大笑，几乎吓着自己……一滑就是五公里，心情松快得像雪花。"

毕淑敏曾说："明白了压力的起承转合，找到了合适自己的减压方式之后，你的呼吸就会轻松一点，胸中的块垒也会松动出些许的空隙。坚持下去，持之以恒，你就会一寸寸地脱离沉重压力的吸附，把自己成功地拔出来。也许在某一个清晨醒来的时候，你突围而出，像蝴蝶一样飞舞。"

女人的压力无非来自三种：工作压力、经济压力和情感压力。

工作压力无法避免，我们只能面对，但一定要有预见性。比如，工作进度被要求提前完成；工作环境将发生某些变动；时不时接收一些超出能力范围的任务等等，当我们清楚自己即将要面对一段时间的压力后，一定先制定好一套适合自己的减压方法，例如：规定在某个时间段读半小时书；每工作一小时，站在窗前望望风景看看天空；半日工作结束后，静坐冥思一刻钟到半小时……人的大脑处在工作状态可以不停止运转，但一定要有所缓冲。保持好心情和轻松的状态，才能保证速度与质量同行，又能舒缓压力。

经济压力确实最令人头疼。如果你正面临生活紧缩，只需想想当下你能做些什么，别想太远，可以缩减生活开销，记住一句话"人怎么活都饿不死"，但一定要快乐。有时候，我们之所以活得太辛苦，源于想要的太多又太急，慢慢来，牛奶会有，面包也会有，在承受能力范围内去选择，别相信任何人说的"逼自己一把"，女人活得轻松快乐，才有幸福可言。

　　来自父母、朋友或爱人的情感压力，不要躲避，更不能冷战，所有问题都出在沟通上。善于沟通的女人，会把父母当朋友，把朋友当爱人，把爱人当知己，角度转换好，该说什么，该做什么，就变得容易得多。

　　心情好，情绪稳定，身体才能好。深呼吸，试着放慢节奏，放轻松，所有压力源于过度紧张，所有的问题都会得到合适地解决，不用急于一时。没有压力的人生，才有轻松、自由、阳光。偶尔面朝大海，放飞自我，我们才有勇气和毅力迎接人生各种挑战。

情绪美容，女人心情好皮肤自然好

　　古语有云："相由心生"，是说一个人的精神面貌与心态息息相关。生活中不难发现这样的例子，比如一个整日乐呵呵的女人，她的整体面部特征趋向于慈眉善目，皮肤状态很健康，即便到了中年老年期，也比同龄人看上去年轻很多；而一个长期愁眉苦脸，动不动就发怒的女人，人们会说她"长了一脸的横肉"，面部肌肉似乎有些僵化，一块一块儿地透着冷气，被俗称"整天耷拉着脸"，其实这个形容方式不为过，因为坏情绪会让一个人脸部的肌肉有坠感，时间久了，脸自然变得越来越丑。

　　亦如毕淑敏在《美丽是心底的明媚》中写道的："生活可以雕塑一个人的相貌，你是一个什么样的人，就会长成什么样子。对一个女性最有害的东西，就是怨恨和内疚。前者让我们把恶毒的能量对准他人；后者则是掉转枪口，把这种负面的情绪对准了自身。你可以愤怒，然后采取行动；你也可以懊悔，然后改善自我。但是请你放弃怨恨和内疚，它们除了让女性丑陋以外，就是带来疾病。"

　　毕淑敏说她曾经有一位女友，面貌清秀可人，可是多年之后再见面，竟吓了她一跳。原本准备好的嘘寒问暖也不知该怎么张口，朋友倒是对她的反应不感意外，平静说道："我变老了，是吧？"

毕淑敏喏喏着嘴说道："我也老了，咱们都老了，岁月不饶人嘛！"

朋友苦涩笑道："我不仅是变老了，更重要的是变丑了，对吧？"

面对朋友的直白与犀利，毕淑敏清楚自己掩饰不了什么，接着说道："好像也不是丑，只是你和原来不一样了，好像换了一个人似的，整个面目都不同了。"

朋友反问毕淑敏知不知道她的婚姻很不幸福，毕淑敏自然知道，朋友说不幸福的女人会把所有的不幸都挂在脸上，就像人们说的一脸苦相。而这种样子在年轻的小姑娘脸上是看不到的。年轻的女孩子都是天真烂漫的，但是对于中年妇女，很容易看出她幸福还是不幸福。

毕淑敏也清楚一个人的相貌会因为生活而发生某些改变，可朋友说的似乎有些夸张。但她的朋友却很坚持，并让她今后多留意，尤其到了老年时期，女人基本会划分为两类，一类慈祥，一类狞恶。朋友自嘲着说她就属于狞恶那一类的。

毕淑敏为了照顾朋友的情绪，避重就轻地指出那些照片上的老人多数是慈眉善目的。她的朋友却说，是因为狞恶的人都活不久。

知道无法再回避，毕淑敏直接问朋友怎么看待自己相貌上的变化，朋友只说她虽然婚姻不幸，但没办法离婚，今后只会生活在怨恨之中，她能看到镜子里的自己在改变，面目变得尖酸刻薄，这是长久以来坏情绪的结果，所以她今后也只能变得更加狞恶。

　　情绪就是一把双刃剑，心情好的时候会令人明媚如初，生气或怨恨的时候整张脸都像霜打的茄子，所以我们若想延缓衰老，让皮肤保持长久的年轻以及健康的状态，就得学会快乐地生活，每天开开心心的，人才会变得神清气爽。

　　如诗人汪国真所说："假如你不够快乐，也不要把眉头深锁。人生本来短暂，为什么还要栽培苦涩？"

　　笑一笑，十年少；愁一愁，白了头。做一个心宽的女子，因为再好的命也不如好心情，女人的容颜因为笑容才会持久明媚。

就像已过四十的陈乔恩，指着一大片草原像个少女一般说："向日葵们，这是朕给你打下的江山。"她开心得就像个小精灵，美丽亦如向日葵花般明艳。

亦像年近五十的董卿，优雅从容，面如春风，美得清新雅秀。

又如百岁老人杨绛，历经几多风雨沧海沉浮，依然心静气和，鹤发童颜，神采奕奕。

有人说："一个人的灵魂是什么样的，已经全部投射到了他的脸上，看他的皮肤是否健康，便可窥探他的本质。"

不急不躁的女人，面容静好大雅；温软的女人，眸中似有秋水；爱笑的女人，脸上有阳光；天真烂漫的女人，明眸皓齿，面似孩童；快乐的女人，面容清透红润；心地善良的女人，慈眉善目……总之，女人若想让皮肤变得健康美丽，第一，要保持一颗沉静如水的心；第二，要懂得快乐；第三，维持好本真。人的情绪建立在一切美好的事物上，需要有一双善于发现和挖掘美丽的眼睛和心灵。

奥黛丽·赫本如是说："若要优美的嘴唇，要讲亲切的话；若要可爱的眼睛，要看到别人的好处；若要苗条的身材，把你的食物分给饥饿的人；若要美丽的头发，让小孩子一天抚摸一次你的头发；若要优雅的姿势，走路时要记住，行人不止你一个。"

人生处处是选择，当我们选择健康快乐地活着，我们的身体就不会轻易衰老，当我们选择放下一切阴暗的东西，我们的容颜就不会变得油腻。愿你我活得轻松自在，活得漂亮，活成更好的自己。

戒糖，让你变美、变瘦、变年轻

天气一热，感觉整个世界的画风都变了，飘逸在空气里的奶茶香，带给我们满满的幸福感，一口甜润凉爽的草莓冰淇淋，心都要跟着融化了。可是亲爱的，你知道自己这一天摄入了多少糖分吗？你可知道糖除了会让我们变胖，还会让皮肤变黄、起皱，掉头发。糖这种食物真的很美味，但也确实会催化女人的老态。

我们经常羡慕那些女明星活到四五十岁还依然年轻，富有魅力，对她们的冻龄秘籍自然是非常感兴趣。其实，所谓的冻龄秘籍，只需要坚持做一件事，就是"戒糖"，那些几十年如一日亮丽的女明星除了日常化妆，还很在意糖分的摄入。

比如歌星张韶涵，她经常强制自己戒糖，因为在以前，她喝一杯黑咖啡都会加上好几包糖，就连齁甜的珍珠奶茶也觉得甜度一般，但是她的营养师朋友告诉她，糖分过量摄入会导致皮肤的"糖化"，而皮肤糖化真的会催人老。

这个时候，张韶涵不得不开始控制糖分，还贴心地把这份心得公布出来，她说："营养师朋友告诉我，喝奶茶、吃冰激凌等会使身体糖分过多，多余的糖就附在胶原蛋白上，使胶原蛋白白糖化断掉，就会长皱纹、皮肤变黄，甚至掉头发。糖精加工面食，比如面包、蛋糕等，含糖量一定超标！也会加速皮肤老化，所以想要'冻龄'的话一定要控制糖分摄入，主食多吃粗粮、全麦面包等，少喝饮料，实在忍不住想吃甜的话，可以喝蜂蜜水解馋啦！"

开始戒糖时，张韶涵也觉得很难熬，但是靠着自律还是坚持了几个月。她发现戒糖后的自己不仅能维持住好身材，皮肤状态也胜过从前，人也显得年轻了许多，而戒糖从最初期的痛苦难熬已经成为一种颇自然的习惯。

娱乐圈中正在戒糖的不止张韶涵一人，还有吴昕。她是从 2016 年开始戒糖，到如今已有好几年，我们看她现在的状态比以前可是精致了很多。

又比如戒糖女神大 S。她在节目中透露，自己曾有十多年的戒糖史，如今她已为人母，而《幸福三重奏》里的她亦如当年剧中青青校园里青涩又甜美的杉菜，半分看不出四十多岁的样子。

有研究表明，摄入的糖分一旦过量，就必然会加速肌肤的衰老，让面部产生很多的皱纹，至于身体发福就更躲不掉了，所以现在的你还敢喝着奶茶搭配着奶油蛋糕享受风光独好吗？

根据某市市场消保委人员的调查，市面上流通的 26 种奶茶样品的含糖量相当于 5 罐可乐，脂肪含量等同于 6 包薯片，而所含的咖啡因如同 6 罐红牛。天啊！我们喝下去的每一杯奶茶都等同于在摧毁自己的美丽和健康啊！也许你会说："我喝无糖的总可以了吧？"但残酷的现实是，即便你选择了无糖或者少糖的食物，那含糖量对于我们的身体来说都是超标的。

那就一点糖不吃了吗？岂不是很痛苦？

当然不是一点糖不吃。人美心甜的张韶涵还在微博中分享了自己的摄糖准则，她于微博中写道："糖分存在于很多地方，很多食物本身都含有糖分，那什么是好的糖跟不好的糖呢？精致加工后的糖就是不好的糖，这应该是人类历史发展以来最伤人类身体的一项发明。应该这样说，我戒掉了所有加工的糖。我的戒糖准则是：'1.不喝有糖的饮料（奶茶、罐装饮料）2.不吃甜点（蛋糕、甜甜圈、马卡龙、冰激凌，统统不能吃）3.少吃特别甜的水果和酸奶'。只要严格遵循这个戒糖准则，戒糖会变得比较容易一点。"

就是说，除了那些加工的糖要杜绝之外，我们可以从天然食物中满足自己对糖的部分需求，就比如蜂蜜、水果之类的，既养颜又美容，自然是天然之选。

集身材与魅力一身的辣妈伊能静一直认为"低糖饮食，是一种生活观念，是选择食物的学习，是了解身体的开始。"戒糖不等于什么都不吃，但是一定要养成健康的饮食习惯。

我们做饭的时候，喜欢给食物上糖色，放一点糖，这样炒出来的菜，更具有色香味。但是在高温下，食物中的蛋白质和外来糖就很容易发生糖化反应，糖化反应也会引起让维持皮肤饱满和紧致的胶原蛋白硬化、断裂。所以，我们尽量克制自己，做饭炒菜时，别再加糖了。

想要让自己变美、变瘦、变年轻，就从此时此刻起拒绝那些散发着诱人香味的糖加工食物。现在对自己的"苛刻"，是为了以后的值得，是为了能够拥有好的皮肤状态和健康，以及那好到爆表的逆龄感。所以，让我们一起加油，来抵制诱惑吧！

忙得没时间健身，"轻运动"来拯救你

离开学校，进入社会，只剩下一个字能形容自己："忙"。忙于生计、忙于家务、忙于工作、忙于照顾一家老小，忙得只能眼睁睁看着自己的健康和体态出现问题，却抽不出一点时间锻炼。

有人颇为无奈，有人特别纠结，说"上班太累了，我实在没心情再去健身房""还要加班呢，屁股离不开椅子""好不容易熬到周末，我只想躺床上刷剧"。于是，看着我们日渐发胖，一年不如一年的身体，从年轻的小姑娘熬成了油腻大姐，闹心之余又无可奈何。尤其对于久坐于电脑前的我们，长期久坐低头办公，已深刻感觉到身体的不适和各种健康问题，但是要生活，要吃饭呀，哪里能挤出时间来运动呢？

亲爱的，所谓运动不一定要去健身房打卡，也不是一定要买什么健身器材放家里挥汗如雨，我们想运动更不是为了能成为世界冠军，不过是想健健康康的，不想年纪轻轻就落下一身毛病。既然如此，那不如就让"轻运动"来拯救我们。

"轻运动"非常适合忙碌又没有具体时间去运动的人，之所以叫轻运动，因为这是一种不用消耗体能，不用拼命受虐，就可以让我们轻轻松松拥有好体魄和健美身材的简易运动方式。

曾经在《完美关系》中饰演斯黛拉的女演员陈数，被人们誉为"旗袍皇后"，而导演高希希对她亦是称赞有加："穿旗袍最美的中国女演员"。

身着旗袍的陈数艳而不妖，雅而不俗，而她那健美又玲珑有致的身材更是叫人羡慕不已。陈数说她很喜欢轻瑜伽，从 25 岁时起就开始练了，一直坚持到现在。陈数曾在《SHU 理生活》微综艺中坦言："每天我都会练习瑜伽 30 分钟左右，有人说这是陈数的自律，而我想说，这是我的生活方式。"

瑜伽虽然属于修身养性的极简运动，但是陈数能坚持练习了近20年，这份自律更是难能可贵，而这份自律感和知性美在她的生活中随处可见，亦如每天清晨，在大自然中静坐冥想的她，眼观鼻，鼻观心，与内心深处的自己交汇。对陈数而言，练习瑜伽不只是单纯地为了健身，她是真的热爱这项运动。

除了瑜伽，陈数也很喜欢茶道，而她的茶道不需要刻意花时间去体味，于生活点滴中，喝一杯茶，便是安静优雅的。陈数曾说，瑜伽和茶道都非常磨炼人的意志力。茶道需要你做到平心静气，把握好呼吸的节奏，用腰部和臀部发力，靠呼吸和专注维持形体的协调，这是对身心合二为一的考验。如今的陈数一言一行沉稳而大气，一颦一足有张有弛，身心康健，体态轻盈，皆与她长期坚持练瑜伽、遵茶道有着密不可分的关系。

轻运动，是一种轻松自在的运动，不需要我们刻意去做什么体能训练，是有意识地去做一些身体力行的事情，比如：坐久了，站起来拉伸下身体，做几个转体，去接一杯水；跳跳简单的健美操；放弃公交，改骑单车等等，轻运动更像是一种生活态度，用心去热爱真实的生活，寻求身体力行，靠实质的身体行动起来，简单而又轻松的行、走、踏、卧。

别再说我们没有时间去运动，但凡能让我们行动起来，哪怕是驻足观望，那就是运动，每天只需坚持1个小时的行动力，于我们的健康和身体而言都是好的。

去地铁站时，旁边的阶梯恰是一次运动的机会，如果还在犹豫，就低头看看肚子上的赘肉，便没有什么可矫情的了，而且爬一段阶梯浪费不了多长时间，还能达到运动的目的，何乐而不为？

　　大概很少有人清楚，平时看起来毫不起眼的家务，做半个小时就能消耗掉我们 160 大卡的热量呢。上楼 1 分钟可以消耗 10 大卡热量，下楼 1 分钟可以消耗 7 大卡热量，就连清洗自己的爱车，也可以消耗我们 100 大卡的热量……可见，生活中处处皆可运动，只需要我们自律起来，活动起手脚，让生活充满律动。

　　杨澜如是说："我有意识地制定锻炼的计划，尽量保证每周做一次瑜伽，打次网球。适当的锻炼是一种很好的排毒方式。我觉得现在城市里很多女性其实是缺少出汗的机会，其实出汗是最好的排毒方式，我建议大家采取。"

　　充满运动活力的女人，会让别人觉得她很自信、从容、积极。恰到好处的运动可以使我们的体态更轻盈、匀称、健康。而轻运动不仅不会影响到我们的生活，还能时刻提醒我们生命在于运动，修剪修剪花草，擦擦窗台，偶尔站起来原地踏踏步，躺在床上看书时抬抬腿……这些简单又生活化的行为都可以表示我们正在运动中，而且是非常有利于身心健康的有氧运动。

　　轻运动属于一种长效运动，我们只有坚持下去，才会有意想不到的效果，这亦是对我们自律性的锤炼。让我们一起加油，从每天起床叠被子开始，加入到轻运动当中，让简单有趣的小小锻炼成为打造我们健康体魄的第一块敲门砖。

跑步女神，在路上获得了什么

芳华依旧，容颜未老的女神陈意涵曾说："跑步，很像谈恋爱，你不知道你的身体什么时候背叛你，但你永远不能放弃他，用耐心、包容、痛苦，来成就最后的美好。"

娇小可人的陈意涵，身高 163 厘米，体重只有 45 公斤，瘦小的模样颇惹人生怜，就像一只软软弱弱的小折耳猫。但是，这个软萌软萌的小身板里却蕴藏着大能量，她可是娱乐圈有名的"慢跑女王"。

陈意涵每天清晨必定去跑步，她常说不跑不自在，起跑至少 8 公里，基本落实 10 公里，最多的时候能到 20+。只要没工作，她一定在奔跑的路上。这个小女子像风一样，跑起来大步流星。微博步数排行榜前三名总有"陈意涵"三个字，她偶尔还去参加马拉松比赛。

陈意涵说："我的体内住着一个随时要起跑的灵魂。"

很多人好奇，她对跑步为何这般痴狂？陈意涵说："我不停地奔跑，持续不间断地把左脚放在右脚的前面。就这样，我感受到胸口的位置传来一种规律的节奏。我极其私人地认为，只有跑够8公里，人脑才会释放出足够的多巴胺，让我感到兴奋和愉悦。"

有人说："奔跑中的女人最性感，这种性感源于知性、积极、畅快和风骨，你一定会被她们吸引，并且折服于她们身上挥下的每一滴汗水。"

陈意涵如是，张钧甯亦如是，她二人是跑步界的铁杆发烧友，两人实现逆生长的秘诀就是：跑步。

张钧甯参加了2019年《向往的生活》节目录制，她以一身轻便的运动装出场，全素颜没有任何修饰的容颜清爽干净，笑起来更是暖暖的亲和力十足，元气满满的实在不像37岁的女人，虽然隔着屏幕，但依然可见她皮肤紧致，身材完美，与年轻的姑娘别无二致。

张钧甯从25岁时起，无论工作到晚上几点，每天清晨都会坚持去跑步。工作再忙，也会维持一周四次锻炼，这样的习惯已经维持了十几年。张钧甯说："工作压力大的时候，就用跑步来释放自己，流过汗，冲个澡，大脑也豁然开朗了，这正是运动让我着迷的地方。"跑步让她收获了很多，也让她明白，跑步也好，人生也罢，只要能多踏出去一步，一切就会好。奔跑让她变得更加健康，内心更加强大，亦让她清楚人生的意义在于做自己热爱的事，不该将就地活着，好的生活都是从热爱开始的。

有人说："末等美女看脸，中等美女看身材，头等美女看气质。一个热爱跑步的女人，气质都是绝佳的。"热衷于跑步的人，跑着跑着就跑出了自信与淡定，那是随着张开的毛孔融进血液，渗进骨子里的气质，与众不同又格外强大，一眼便能与常人区分开。

　　经常跑步的女人除了身体更健康，体型维护得很好，心态也非常积极乐观，面带阳光，精力充沛，体内蕴含着无限的能量，再过十年，二十年，气质当积淀得越发厚博深邃，不矫情、不做作，懂得善待自己，善待一切美好事物。热爱跑步的女人，最不相信这世间有笼，一切束缚与困难，皆能打破，当毅力和坚持成为习惯，人生随时可以扬帆远航。

　　莫·法拉说："千万不要惹一位全马跑过终点的人，因为他的内心太强大了。"

　　寒风呼啸的冬日，总有几抹倩影掀开温暖舒适的被子，离开暖烘烘的屋子，顶着刺骨风霜去跑步。当头上开始流汗，在发尖结冰，她们依然在默默坚持，因为内心深处有一股强大的自律驱动着。因为热爱跑步，让她们领略到常人看不到的风景，看到阳光透过冰晶折射出的每一道光，看到青涩的冬季其实也格外温柔。长期坚持跑步的人，由内而外散发着美好与坚强。

　　我们常说跑步会让一个人变瘦，变健康，内心变得更强大，可跑步收获的又何止于此。就如《跑步圣经》中写的："跑步时，我们看到了自己的缺点、弱点，并能够积极地接受它。你接受本来的自己，因为此刻你敞开了心扉，并且看到了你从来没有想象到的自己。"

　　难过的时候去跑步，流的汗水多了，泪水自然就少了；迷茫的时候跑步，听着自己粗重的呼吸声，再烦心的事也被抛诸脑后，只剩下内心的声音，这时我们会清楚自己想要的是什么；清晨迎着朝阳跑步，闻着鸟语花香与朝露，新的一天就是新的开始，人生不需要重复，只需要大步流星向前走。

　　所谓健康，不只是身体的健康，还包括心理上的健康。热爱跑步的人，懂得释放自己，在每一次坚持中感悟到生活的真谛，拥有健康的身体和丰满的灵魂。在奔跑中，我们会遇见那个糟糕的自己，通过谈判和否定，然后去重塑一个更好的自己，也因为奔跑，方使我们更热爱生活，更用心地活着。

想要瘦成闪电，就要扛得住美食的诱惑

很多女人都忍不住问，为什么女明星都那么瘦，她们到底有什么减肥秘诀呢？事实上，减肥哪里有什么捷径？保持身材的唯一秘诀就是"管住嘴，迈开腿"。

闫妮，给大家印象最深的是《武林外传》里说着一口陕西方言，市井气十足，"土美土美"的客栈女掌柜。生活中，她也一直被贴上"时尚黑洞"的标签。有一段时间身材还跟吹胀了的气球似的，人显得滚圆又憨厚。

2019 年的春晚，当穿着一身修身西服、身材窈窕的"佟掌柜"出现在舞台上时，惊艳了无数电视机前的观众。纤细的腰，瘦削的背，还有逆天大长腿，令人很难相信她已经 47 岁了。

为了减肥，闫妮只做了两件事：少吃，多运动。一篇报道中说，闫妮在记者会上调侃自己："因为我是属猪的，所以嘴根本停不下来。"可为了能瘦下来，她改变了以往胡吃海塞的饮食习惯，开始均衡饮食，少油少盐。有时候为了工作忙了一整天，到了晚上她也能坚持少吃，或者干脆不吃。

　　多少个夜晚她都在饥饿中睡去。她甚至戒掉了生平"最爱"——汤汁饱满热气腾腾的牛肉面。有一次，她喃喃抱怨说，节食以来，已经半年没有吃过牛肉面了。

　　运动上，闫妮也吃了很多苦。一边抵抗饿意，一边跳健美操，那滋味真是酸爽啊。她每天都要跳操，每个动作做 20 到 30 次。演戏间隙，别人都在休息，她却泡在健身房，有氧无氧双结合，汗流浃背。有时候她也会去打打拳击，练练瑜伽。一顿"操作"下来，闫妮足足瘦了 30 斤。

有人说："不自律，毁半生。"想要变美，就必须扛得住美食的诱惑。周冬雨拍的吃播视频，满满一大桌子菜只是举起筷子每道菜尝一小口，就结束了这顿饭；迪丽热巴的吃播视频也是如此，两小口饭，一口花菜，一口蘑菇，这顿饭就算吃完了。

戛纳电影节的时候，网上流传一个章子怡吃泡面的视频。一碗泡面，章子怡仅仅吃了四口，就急忙推开说"够了够了。"

蔡依林跟团队一起出国吃饭，大家点了一桌子好吃的，都在开开心心的吃，而蔡依林依然只吃平常吃的水煮菜。

很多女人一边无比讨厌堆积在身上的　"游泳圈"，希望能尽快减肥成功，但是另一方面又管不住自己的嘴。年轻时，身材和面容来自于父母。30 岁之后，稍微松懈一点点，皮肤就垮了下来，身材却肿了起来。要知道我们身上的每一寸赘肉，都是向慵懒生活妥协的结果。

在泰国励志短片《只有你可以改变你自己》的最后说："只有你自己可以改变自己，对的事，天天做。"从来就没有"干吃不胖"的体质，有的只是"少吃多运动"的默默坚持。倪萍曾经说过："再不减肥，继续胖下去，什么病都找上来了。"大家问她是如何瘦下来的，她这样说："就是严格自律，没有捷径可走。"杨绛在她的《百岁感言》中提到过："人寿几何，顽铁能炼成的精金，能有多少？但不同程度的锻炼，必有不同程度的成绩；不同程度的纵欲放肆，必积下不同程度的顽劣。"

当我们真的瘦下来，看到了一个焕然自信的自己，就很难再容忍自己肥胖时的样子。因为变得更好，变得美，是一件令人上瘾的事情。当我们对生活全力以赴时，生活也会回报以同等分量的馈赠。我们挨过的饿，流过的汗都会被写进成长的履历里。

得体的妆容，让你又飒又美

董卿说："女人 20 岁之前的容貌是天生的，20 岁之后就是自己塑造的。"在很多人眼中，董卿并不算长相很惊艳的那种，比她漂亮的女子多了，但她精致的妆容，优雅礼仪，高贵气质融汇在一起，就让人觉得这个女子有着无形的魅力。而一个女人的美丽与后天的努力密不可分。

在一条短视频中，一个画着精致妆容的女人，身穿一身帅气利索的职业装，脚下踩着细如小拇指的 8cm 高跟鞋，以非常飒爽的标准职业女强人形象开门而去。随后，正在拍摄视频的女孩喷着嘴吐槽道："我姐姐已经不能用凡人的眼光来定义了，昨晚凌晨还在加班，今早七点半有会议，睡眠时间不到五个小时，居然还能画着美美的妆容去上班，佩服啊！"

在很多人看来，喜欢化妆是一个女人的习惯。这个习惯往往意味着她要比别人早起半个小时，如果只是在某一天早起了半个小时，对每个人来说都不是难事。但日复一日，年复一年都早起半个小时，那就不能说是习惯了，而是一个人的毅力使然。

天天坚持化妆的女人会秉持一个观点，就是无论今天出不出门，都要把自己打扮得好看些。首先，漂亮的妆容可以让自己心情舒畅；其次，如果突然有客来访，或者有人邀约等，可以更加从容优雅地应对。

坚持化妆的女人对自己都有很高的要求，不单是说化妆这一件事，仅从坚持这个行为上看，这样的女人自律能力也非常人能比。

著名演员孙俪是娱乐圈里出了名的自律，她每天坚持化妆，对自己的外在形象要求十分严格，从不会不修边幅地出门。

妆容精致的女人，自信度也会随之升高。甚至，好的妆容也可以使女人的内心变得强大，无惧忧患得失。坚持化妆，妆容赋予女人的是自信、魅力和不将就的生活态度。

杨澜说："女人到了二十几岁后，就要开始学着用心的经营自己了，它体现在自己的外表以及涵养上，每一个女人都是特别的，都应该有自己独特的品位。"

所以，别做懒女人，形象体现一个人的修养与品位，显露女人的内在情操。怎样的生活态度、精神内涵，通过解读你的形象，周围的人才可以认识你，了解你，继而成为你的朋友。

张爱玲九岁时她用得到的第一笔稿费买了人生中的第一只口红。张爱玲喜爱精致的嘴部妆容，口红对她来说是全部的骄傲，是自己能给予自己的快乐，即便身处混乱年代，也要和朋友去寻那最适合自己的唇膏。只要嘴唇不失色彩，她总觉得日子就会好过些。

在张爱玲的大部分作品里，她常用一个人的嘴部妆容是否得体来暗喻一个人的性格，用口红的颜色、质地来展示人物的品位和气质。《沉香屑·第一炉香》中，葛薇龙第一次见失去丈夫的姑母梁太太，她嘴唇上涂着巴黎新一季的"嗓子红"，足以见得梁太太的生活很优质。

妆容得体考验的不仅仅是化妆的技巧，讲究的更是因地制宜。也就是说要根据自己的自身条件扬长避短；根据时间、地点、穿着浓淡适宜；根据当时的心情和健康状况作适当的弥补。

浓妆艳抹会显得做作和脂粉气，清新淡雅自然妆则能给人一种若有若无的感觉，自然的显露出你肌肤的质感，这才是一种至高的化妆境界。它不会让你面目全非，只是用各种化妆品，如粉底、胭脂、眼影和唇膏等，重新塑造一个本来面目的你。妆后你清新的妆容，滋润细腻能够自由呼吸的皮肤，让你看起来魅力无比。

有人说，化妆就像写文章一样，它不需要词句的堆砌。最好的文章是作家情感的自然流露，它不依靠文字的华丽，它清新、自然，读起来，跃然纸上，像是一个个鲜活的生命。

女人可以慢慢变老，但绝不能放弃美丽，活得潦草。在人生的海洋里，我们一定要善待自己，不断充实自己，乘风破浪，不负韶华，成为优雅的女人，知性的女人，智慧的女人，幸福的女人……